绿色食品标识使用典范
（2024）

中国绿色食品发展中心 ◎ 组织编写

中国农业科学技术出版社

　　绿色食品标志由三个部分组成，即上方的太阳、下方的叶片和中心的蓓蕾，象征自然生态；颜色为绿色，象征着生命、农业、环保；图形为正圆形，意为保护。绿色食品标志图形描绘了一幅明媚阳光照耀下的和谐生机，告诉人们绿色食品正是出自优良生态环境的安全、优质食品，能给人们带来蓬勃的生命力，同时还提醒着人们要保护环境，通过改善人与自然的关系，创造自然新的和谐。

图书在版编目（CIP）数据

绿色食品标识使用典范 . 2024 / 中国绿色食品发展中心组织编写 . -- 北京：中国农业科学技术出版社，2024. 11.
ISBN 978-7-5116-7184-4

Ⅰ . TS2-65

中国国家版本馆 CIP 数据核字第 2025UV7829 号

责任编辑　周　朋
责任校对　王　彦
责任印制　姜义伟　王思文

出 版 者	中国农业科学技术出版社
	北京市中关村南大街 12 号　　邮编：100081
电　　话	（010）82103898（编辑室）　（010）82106624（发行部）
	（010）82109709（读者服务部）
网　　址	https:// castp.caas.cn
经 销 者	各地新华书店
印 刷 者	北京科信印刷有限公司
开　　本	210 mm×290 mm　1/16
印　　张	9.25
字　　数	150 千字
版　　次	2024 年 11 月第 1 版　2024 年 11 月第 1 次印刷
定　　价	68.00 元

版权所有·侵权必究

《绿色食品标识使用典范（2024）》编委会

总 主 编　刁新育

主　　编　张志华　　孙　辉　　马　卓

技术主编　宫凤影　　张晓云　　杜海洋　　王俊飞　　王一鸣
　　　　　　刘　娴

副 主 编　张晓红　　王多玉　　赵方方　　郝志勇　　黄艳玲
　　　　　　于　铭　　陈永芳　　张小琴　　胡晓欣

主要编撰人员（以下排名不分先后）
　　　　　　张　月　　李　娜　　宋　晓　　雷秋园　　徐淑波
　　　　　　常筱磊　　李　浩　　刘　强　　敖　奇　　马立军
　　　　　　李　刚　　杨　旭　　王晓倩　　姜福旭　　任红立
　　　　　　田　野　　杨　静　　杭祥荣　　马永军　　罗维禄
　　　　　　杜志明　　刘　娟　　刘姝言　　邢　琪　　刘申平
　　　　　　刘新桃　　胡冠华　　陈夏玲　　唐道珍　　毛　雯
　　　　　　陈　量　　王祥尊　　陈　璐　　常　春　　许正祥
　　　　　　郭　鹏　　岳一兵

目录 CONTENTS

北京祥云兴隆农业科技发展有限公司 1
北京市长阳农场有限公司 2
河北富岗食品有限责任公司 3
安平县老家食品有限公司 4
山西水塔醋业股份有限公司 5
山西晋婆婆农业开发有限公司 6
岢岚县绿祥源生态农业有限公司 7
内蒙古御品香粮油有限责任公司 8
内蒙古坝林短角有机农业发展有限公司 9
中粮屯河（杭锦后旗）番茄制品有限公司 10
锦州百斯特米业发展有限公司 11
营口盐业有限责任公司 12
大连韩伟养鸡有限公司 13
辽参经营管理（大连）集团有限公司 14
大连魏丰生态农业休闲有限公司 15
通化市金江新月花业有限公司 16
大安市信达农业发展有限公司 17
吉林市昌盛米业有限公司 18
双辽市缘通农业农机专业合作社 19
五常市乔府大院农业股份有限公司 20
五常葵花阳光米业有限公司 21
哈尔滨远海农业科技有限公司 22
哈尔滨紫道源食品有限公司 23
黑龙江和利旺豆制品制造有限公司 24
讷河市北风粮食工贸物流有限公司 25
泰来县绿洲食品加工有限责任公司 26
黑龙江德盛粮食深加工有限公司 27
黑龙江北货郎森林食品有限公司 28
伊春市伊纯蜂业有限公司 29
勃利县田园音乐葡萄种植专业合作社 30
萝北县占花蜜蜂养殖农民专业合作社 31
五大连池健龙矿泉水有限公司 32
黑龙江兴十四米业有限公司 33

鸡东县梁贵峰家庭农场 34
黑龙江省北大荒绿色健康食品有限责任公司 35
上海梅家坞茶叶有限公司 36
上海尚宇果蔬专业合作社 37
上海稻德粮食专业合作社 38
上海鲁农粮食专业合作社 39
上海许家草致益农业专业合作社 40
上海松林米业有限公司 41
上海沐恩农业专业合作社 42
上海马陆葡萄研究所 43
南京老山药业股份有限公司 44
南京天纬农业科技有限公司 45
南京淳峰茶业有限公司 46
江苏大庄农业科技发展有限公司 47
常州市金土地农牧科技服务有限公司 48
常州万绥粮油有限公司 49
溧阳市天目湖毛尖花红生态农业有限公司 50
太仓市电站生态园农产品产销专业合作社 51
江苏润保源谷物种植有限公司 52
如皋市佳浩果蔬科技发展有限公司 53
淮安市洪泽岔东绿色食品有限公司 54
淮安康得乐食品有限公司 55
宿豫区品缘家庭农场 56
宿迁市元中西瓜种植专业合作社 57
杭州余杭区径山四岭名茶厂 58
浙江海之味水产有限公司 59
杭州余杭三水果业有限公司 60
温岭市吉园果蔬专业合作社 61
宁波市江北慈城绿禾食品有限公司 62
象山石浦昌明家庭农场 63
宁波市鄞州大岭农业发展有限公司 64
宁波市奉化银龙竹笋专业合作社 65
宁波市海曙龙观甬铭水蜜桃农场 66

安徽有余跨越食品开发股份有限公司 ... 67	栾川县福记山寨养殖有限公司 ... 104
五河县泉兴种养殖家庭农场 ... 68	宜城市诚烁粮油贸易有限公司 ... 105
安徽雪莲面粉有限责任公司 ... 69	麻城市老屋湾酒业有限公司 ... 106
池州市贵池区长坜茶叶种植专业合作社 ... 70	大悟县中发生态农业有限公司 ... 107
安徽省百麓现代农业科技有限公司 ... 71	湖北尖峰茶叶股份有限公司 ... 108
庐江县新明粮油有限公司 ... 72	株洲市振源生态农业发展有限公司 ... 109
安徽国力农业科技有限公司 ... 73	永州市聚丰生态农业开发有限公司 ... 110
凤台县国武粮油工贸有限公司 ... 74	湖南省君山银针茶业股份有限公司 ... 111
六安市裕安区成兵家庭农场 ... 75	张家界西莲茶业有限责任公司 ... 112
六安玫瑰红茶品有限公司 ... 76	高州市丰盛食品有限公司 ... 113
马鞍山市采石矶食品有限公司 ... 77	广州市洲星食品有限公司 ... 114
安徽稼园香食品有限公司 ... 78	潮州市吉云祥茶业有限公司 ... 115
安徽佳洁面业股份有限公司 ... 79	梅州市强惠农业发展有限公司 ... 116
安徽格瑞农业开发有限公司 ... 80	广西糖业集团柳兴制糖有限公司 ... 117
安徽华栋山中鲜农业开发有限公司 ... 81	广西蒙山县纯香食品有限公司 ... 118
旌德县三合绿色食品开发有限公司 ... 82	广西糖业集团红河制糖有限公司 ... 119
金维他（福建）食品有限公司 ... 83	渝妹儿米业（重庆）集团有限公司 ... 120
阿一波食品有限公司 ... 84	四川省天渠盐化有限公司 ... 121
顺昌县新庄稼人果蔬农民专业合作社 ... 85	四川宜宾碎米芽菜有限公司 ... 122
莆田市东盛现代农业有限公司 ... 86	四川顺城盐品股份有限公司 ... 123
宁德市宝田农业发展有限公司 ... 87	雅安牛背清泉水业有限公司 ... 124
江西五丰食品有限公司 ... 88	四川雅妹子生态食品股份有限公司 ... 125
江西齐云山食品有限公司 ... 89	贵州省榕江县粒粒香米业有限公司 ... 126
江西寇寇豆制品制造有限公司 ... 90	云南绿A生物工程有限公司 ... 127
乐安县登仙桥食品发展有限公司 ... 91	云南腊峰生物科技开发有限公司 ... 128
宜丰县宾顺食品有限公司 ... 92	凤庆县峡山茶业有限公司 ... 129
江西三爪仑绿色食品开发有限责任公司 ... 93	商洛盛泽农林科技发展有限公司 ... 130
江西汪氏蜜蜂园有限公司 ... 94	富平永辉现代农业有限公司 ... 131
修水县龙尊米业有限公司 ... 95	镇安锄禾农业科技有限公司 ... 132
山东岱岳制盐有限公司 ... 96	陕西秦峰农业股份有限公司 ... 133
威海久倍优农业发展有限公司 ... 97	甘肃银河食品集团有限责任公司 ... 134
烟台三嘉粉丝有限公司 ... 98	玉门市花海辣椒农民专业合作社 ... 135
东阿县荣康石磨面业有限公司 ... 99	青海省盐业股份有限公司 ... 136
山东大仓食品股份有限公司 ... 100	宁夏广银米业有限公司 ... 137
河南世通食品有限公司 ... 101	新疆绿洲源农业科技有限公司 ... 138
博大面业集团有限公司 ... 102	新疆盐湖制盐有限责任公司 ... 139
河南创大粮食加工有限公司 ... 103	温宿县银峰盐业有限责任公司 ... 140

北京祥云兴隆农业科技发展有限公司

北京祥云兴隆农业科技发展有限公司成立于2017年，位于北京市昌平区小汤山农业科技示范园西区，拥有25 000平方米现代化厂房，日产金针菇25吨，是北京市重点蔬菜稳产保供基地、食用菌标准化基地、金针菇全产业链标准综合体示范基地。2022年，公司生产的金针菇获绿色食品认证。

典范产品

金针菇

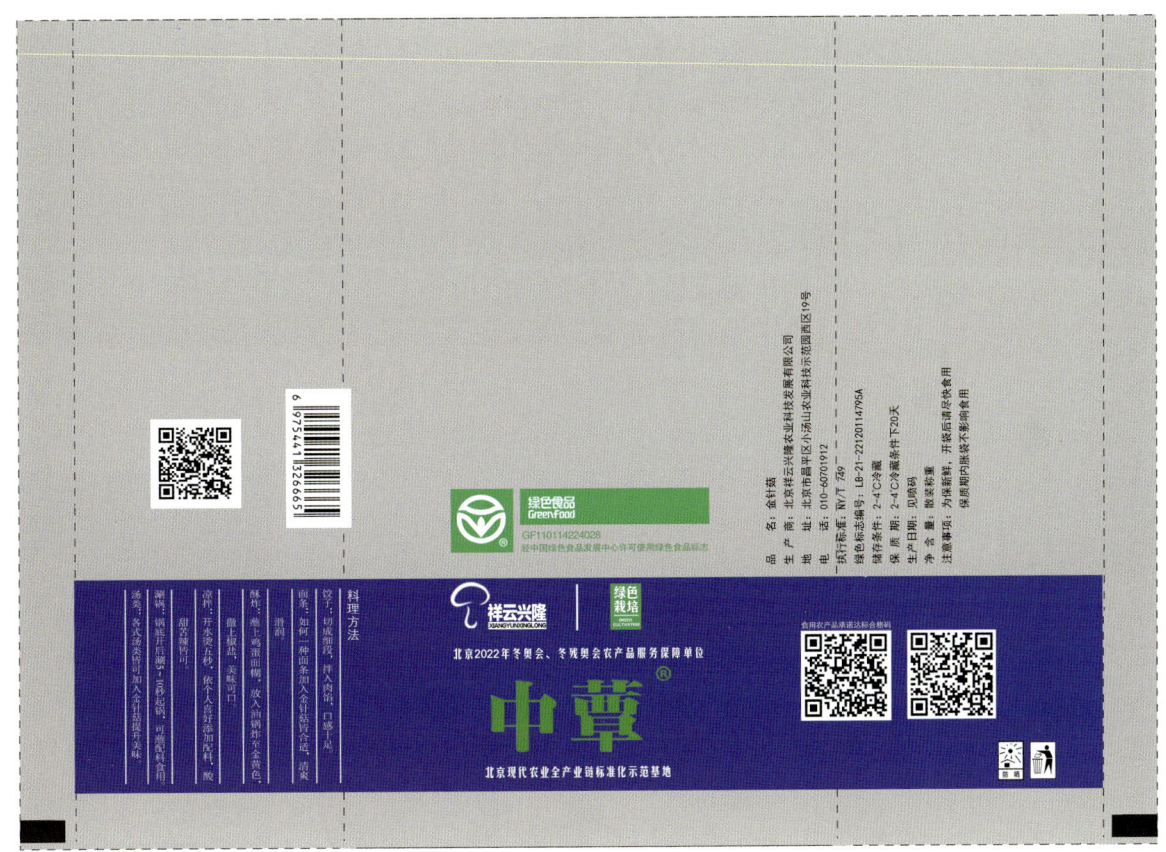

北京市长阳农场有限公司

北京市长阳农场有限公司的长阳农场绿色生态园总占地500余亩，有樱桃、梨、桃、草莓、李子、杏、葡萄等40余个优新品种，其中樱桃种植面积300余亩，生产规模属京西南最大。园区严格把控所有果品的每个种植环节，樱桃和梨连续多年获绿色食品认证。

典范产品 1　樱桃

典范产品 2　梨

河北富岗食品有限责任公司

河北富岗食品有限责任公司成立于1996年，位于太行山优质果品带的中心地区——河北省内丘县岗底村，是一家集种苗繁育、鲜果生产及深加工于一体的现代化农业企业。主营产品富岗苹果酸甜适口、细脆津纯、清香蜜味、易贮耐藏，先后获得河北省著名商标、河北省名牌产品、1999年昆明世界园艺博览会银奖、2008年北京奥运会推荐果品、中国驰名商标等荣誉。获绿色食品、有机产品、国家地理标志保护产品认证。

典范产品

富岗苹果（红富士）

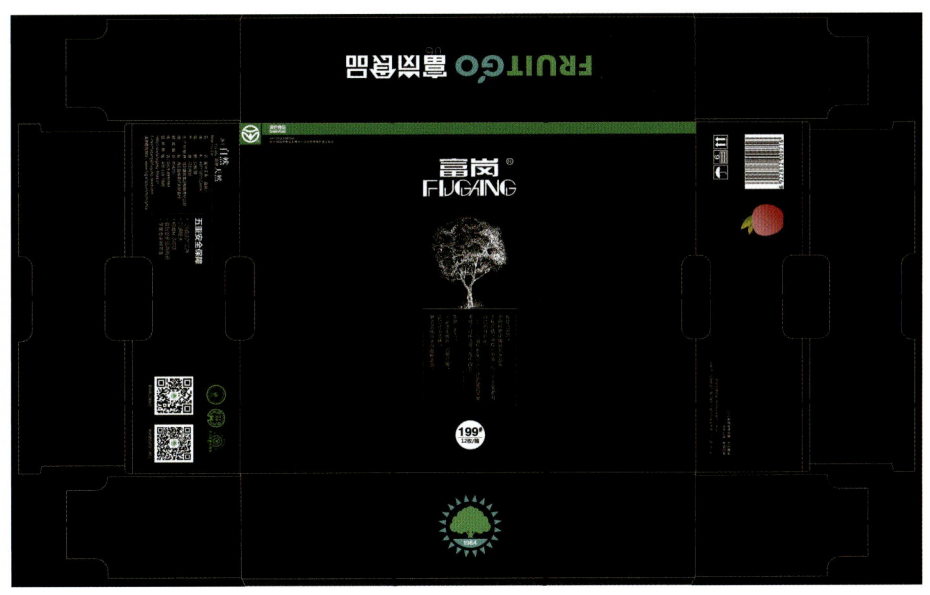

安平县老家食品有限公司

安平县老家食品有限公司成立于2018年9月，位于河北省衡水市安平县西两洼乡郑家庄村。种植小麦3 000多亩，食品加工厂建筑占地100亩，是一个集种植、加工于一体的集约型企业。2023年2月，公司生产的小麦粉获绿色食品认证。

典范产品

小麦粉

山西水塔醋业股份有限公司

山西水塔醋业股份有限公司是国家农业产业化重点龙头企业、高新技术企业、国家级绿色工厂。公司有"水塔""罗贯中""老醋坊"等品牌，主要产品有老陈醋、陈醋、风味醋、有机醋、醋饮料系列产品，形成了集原料基地、科研开发、制曲酿造、包装运输、营销策划、旅游文化于一体的大型现代化企业集团。

典范产品 1
6度水塔老陈醋

典范产品 2
6度宝源老醋

山西晋婆婆农业开发有限公司

　　山西晋婆婆农业开发有限公司成立于2016年，重点实施小杂粮种植、加工、销售，以及农业技术培训等业务。建有现代化综合加工厂，长期与山西农业大学、山西省玉米研究所等科研单位技术合作，建设标准化示范种植基地，面积达10 000余亩，主要种植黑小米、黑玉米、黑绿豆等作物。公司产品玉米粉获绿色食品认证。

典范产品

玉米粉

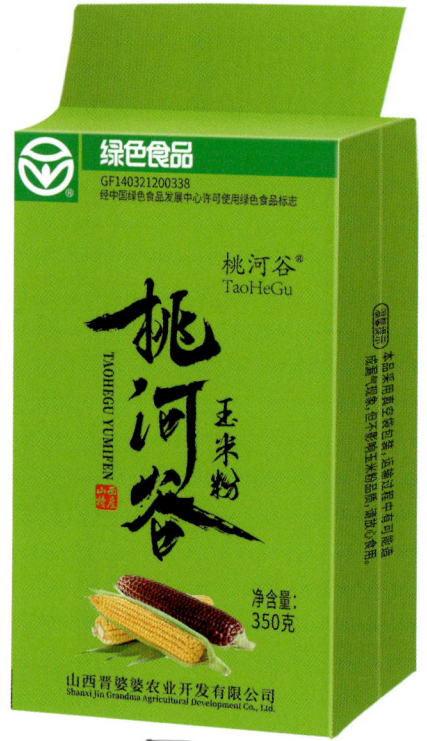

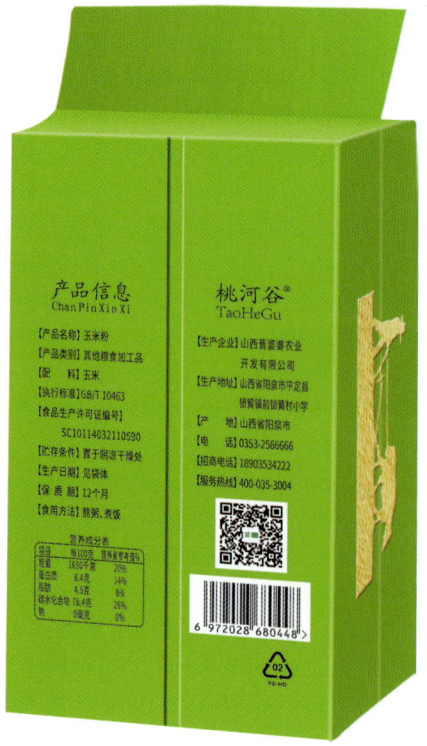

岢岚县绿祥源生态农业有限公司

岢岚县绿祥源生态农业有限公司创建于2012年，位于"中华红芸豆之乡"——岢岚县，公司拥有年产量300万罐红芸豆罐头生产线1条，拥有年产量500万袋即食红芸豆生产线1条，产品已获绿色食品认证。红芸豆罐头已获罐头食品SC认证，已注册"钰祥源""豆珍香""时光豆子"3个商标。

典范产品

红芸豆罐头

内蒙古御品香粮油有限责任公司

内蒙古御品香粮油有限责任公司成立于2018年，公司注册资金为300万元，位于内蒙古自治区武川县二份子乡东红胜村，占地面积为4 000平方米。

公司业务以莜麦、小麦的种植、加工及销售为主，其中，莜麦种植面积6 000亩。公司采用"公司+农户"的运营方式，与农民、经销商结成经济利益共同体，促使公司发展订单农业，通过及时收购粮食产品，使市场有稳定的资源通道。

目前，公司已注册商标"稼畅"，并通过SC认证。2020年，公司生产的"武川莜面"获绿色食品认证，获评名特优新产品，公司被第一批授权使用"武川莜麦"农产品地理标志。

典范产品

武川莜面

内蒙古坝林短角有机农业发展有限公司

内蒙古坝林短角有机农业发展有限公司成立于2018年，2021年迁址至内蒙古自治区巴林右旗大板镇物流园区内。公司总占地面积40 020平方米，生产车间3 340平方米，仓储4 000平方米，办公区1 200平方米。注册资金500万元，固定资产2 520万元。公司采取蟹稻共生模式种植绿色水稻15 000亩，利用生物菌肥和农家肥种植绿色谷子22 880亩，年生产绿色大米1 400吨、绿色小米5 000吨。

典范产品

坝林短角小米

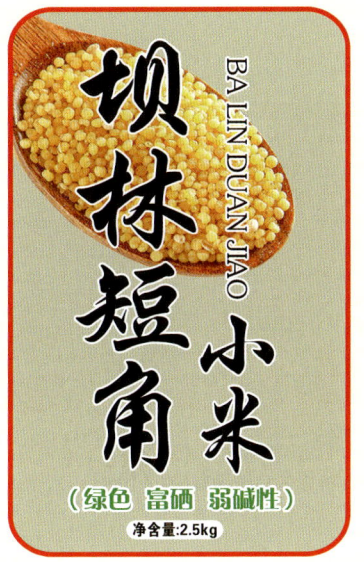

中粮屯河（杭锦后旗）番茄制品有限公司

中粮屯河（杭锦后旗）番茄制品有限公司于2006年7月25日正式建成投产，目前共拥有直灌、分装7条生产线，形成日处理新鲜番茄1 200吨，年产直罐番茄酱6 000吨，番茄丁、整番茄产品12 000吨的规模。分装线为9～320 g番茄沙司生产线及10 kg、1～3 kg软包装生产线。还可根据客户或市场需求进行直灌和分装。公司产品番茄丁和去皮番茄获绿色食品认证。

典范产品 1　番茄丁

典范产品 2　去皮整番茄

锦州百斯特米业发展有限公司

　　锦州百斯特米业发展有限公司是辽宁省农业产业化重点龙头企业，占地面积20 000平方米，固定资产总值1 225万元，现有生产用房3 500平方米、生活用房1 500多平方米，年可生产大米2万吨，经营范围包括粮食种植、收购、加工、仓储、销售。公司的主要产品"绿明星"牌大米获绿色食品认证，被评为锦州市民最信赖的放心食品、锦州名牌产品，"绿明星"商标获评锦州市著名商标、辽宁省著名商标。公司采用"公司＋基地＋农户＋订单"的产业化经营模式，使农户增产增收得到了实惠，使企业增加了经济效益。

典范产品

绿明星大米

营口盐业有限责任公司

营口盐业有限责任公司位于辽宁省营口市营柳路7号,公司主营海盐生产、各种盐产品加工。20世纪50年代,营口盐场在施工时挖出一通石碑,上面刻有"改煎为晒,设场,雍正八年御批"等字样,营口盐场"天日晒盐法"生产海盐的历史便溯源至雍正八年(1730年)。公司下设有制盐场、多品种盐厂、特种盐厂和畜牧盐厂4个生产单位,年海盐生产能力25万吨,加工各类盐产品18万吨,是东北仅有的两家制盐与加工盐并存的国家食盐定点生产企业之一。2010年公司食用盐产品的注册商标"海花"被评为中国驰名商标,公司所生产加碘精制盐、加碘粉碎洗涤盐获绿色食品认证,并获辽宁省名牌产品称号,公司也因此连年获营口市百强企业、营口市食品安全诚信企业、辽宁省诚信示范企业、全国盐业AAA级信用企业等荣誉称号。

典范产品 1 加碘精制盐

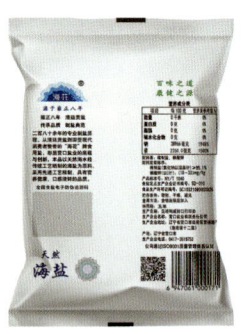

典范产品 2 加碘粉碎洗涤盐

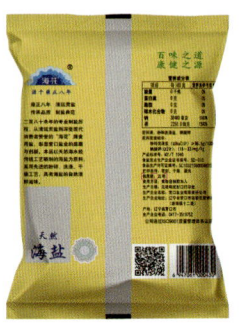

大连韩伟养鸡有限公司

　　大连韩伟养鸡有限公司始创于1982年，是农业产业化国家重点龙头企业、世界蛋品协会（IEC）会员。公司总部位于辽宁省大连市旅顺口区，生产基地依山傍海，环境绝佳，拥有全产业链配套场区。2000年4月，公司的鸡蛋产品获绿色食品认证，现有绿色蛋鸡养殖量10万只，年产绿色鸡蛋2 000吨。

典范产品：绿色鸡蛋

辽参经营管理（大连）集团有限公司

辽参经营管理（大连）集团有限公司成立于2020年，总部位于"中国辽参故乡"辽宁省大连市瓦房店市，为海参全产业链企业，也是全球领先的优质辽参源头企业，始终秉承绿色发展的理念，系列产品于2024年11月获得绿色食品标志使用权。为消费者提供安全优质营养健康的好海参是企业始终不变的追求。

典范产品

速发干海参

大连魏丰生态农业休闲有限公司

　　大连魏丰生态农业休闲有限公司成立于2017年,位于辽宁省大连市金普新区。北纬39°优越的地理位置、良好的生态环境,以及多年来采用的绿色种植技术,成就了"魏丰"大樱桃安全优质的高端品质。"大连大樱桃"为地理标志产品,获绿色食品认证。

典范产品：大樱桃

通化市金江新月花业有限公司

　　通化市金江新月花业有限公司始建于2010年，是集寒地玫瑰种植、生产、深加工于一体的综合性生态农业企业。企业坚持走绿色发展的路子，突出玫瑰产业特色，实施标准化生产加工，11年来致力于玫瑰产业综合发展，至今已发展玫瑰种植基地4处，总面积近千亩，年产玫瑰花400余吨，寒地玫瑰花茶等产品获绿色食品认证。企业自主研发玫瑰化妆品、玫瑰食品两大系列。带动当地农户共同致富，经营管理规范，实现了经济效益和社会效益双丰收。

典范产品

寒地玫瑰花茶

大安市信达农业发展有限公司

　　大安市信达农业发展有限公司坐落于北纬45°国际寒地水稻黄金带、大安灌区内，现有10 215亩弱碱地水田，其中有机水田3 000亩（已通过中国、欧盟、美国三重有机认证），其余7 000余亩已获绿色食品认证。

典范产品
五间房大米

吉林市昌盛米业有限公司

吉林市昌盛米业有限公司位于东北松嫩平原北纬43°素有黄金水稻带之称的吉林省优质稻米之乡万昌镇，是国家级绿优稻米生产加工基地、全国著名优质水稻生产区。

典范产品

星星哨大米

双辽市缘通农业农机专业合作社

　　双辽市缘通农业农机专业合作社坐落在吉林省四平市双辽市卧虎镇协力村，大力推进鲜食玉米种植、生产、加工、销售"四位一体"的产业链发展规划。合作社一直坚持绿色农业的理念，坚持绿色种植，鲜食玉米品种获绿色食品认证。合作社现有合作土地470公顷，年产鲜食玉米近2 000万穗。

典范产品 1
黄糯玉米

典范产品 2
黑糯玉米

典范产品 3
白糯玉米

典范产品 4
花糯玉米

五常市乔府大院农业股份有限公司

五常市乔府大院农业股份有限公司创建于1998年，秉承"为耕者谋利、为食者造福"的初心使命，聚焦打造集科技育种、基地种植、生产加工、仓储物流、市场营销、休闲旅游于一体的三产融合现代化农业产业集团，先后获农业产业化国家重点龙头企业、国家五常大米生产标准化示范区、国家级生态农场等多项荣誉称号，2016—2023年连续8年五常大米全国销量领先，产品获第105届巴拿马太平洋万国博览会特等金奖、2022中国（黑龙江）国际绿色食品产业博览会黑龙江大米节金奖，获绿色食品认证。

典范产品 1　乔府大院五常大米

典范产品 2　五常大米

五常葵花阳光米业有限公司

　　五常葵花阳光米业有限公司是一家以优质五常大米为主线、地标农（副）产品为副线，集良种繁育、科研示范、基地建设、生产加工、市场营销为一体的综合性农业食品企业。企业产品已获得"五常大米"地理标志认证及"黑土优品"授权、绿色食品标志认证。

典范产品 1
五常大米（六星）

典范产品 2
五常大米（五星）

哈尔滨远海农业科技有限公司

　　哈尔滨远海农业科技有限公司占地面积约2万平方米，是黑龙江省哈尔滨市松北区招商引资的重大农业产业项目，按照"现代种植＋生产＋加工＋品牌营销＋冷链储运"全产业链农业产业化开发建设，项目总投资1亿元，年产鲜食玉米3 000万~5 000万棒。公司产品甜糯玉米获绿色食品认证。

典范产品：甜糯玉米

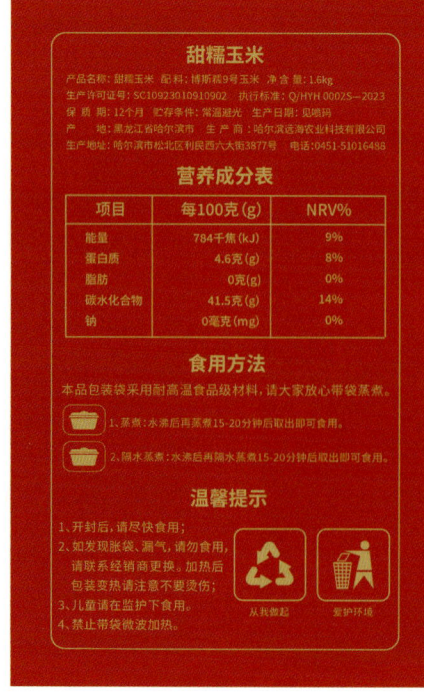

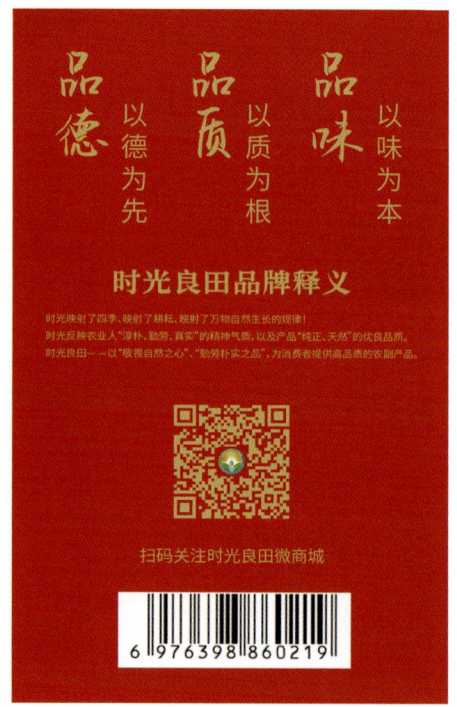

哈尔滨紫道源食品有限公司

　　哈尔滨紫道源食品有限公司坐落于黑龙江省哈尔滨市宾县摆渡镇宏飞村，公司占地7 000平方米，紫道源酱醋园始创于1860年，被宾县评为县级非物质文化遗产传承企业，公司每年可生产绿色古法酱油200吨、绿色古法陈醋300吨、绿色黄豆酱200吨。

典范产品 1
古法酱油

典范产品 2
古法陈醋

黑龙江和利旺豆制品制造有限公司

　　黑龙江和利旺豆制品制造有限公司成立于2016年12月，坐落在哈尔滨市宾县宾州镇二龙山村，是以生产、销售、研发豆制品为主导的农副产品企业。

典范产品

冻豆腐

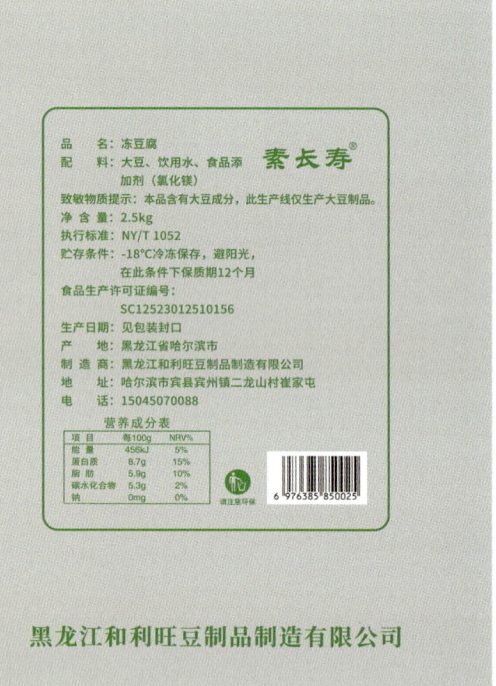

讷河市北风粮食工贸物流有限公司

讷河市北风粮食工贸物流有限公司主营粮食加工（大米及面粉）、粮食贸易、物流运输等业务。公司固定仓容13万吨；年加工水稻30万吨，年加工小麦10万吨；拥有现代化大豆精选塔2座、大豆优选车间1座、5 500平方米全天候装车铁路罩棚、自有集装箱场站及3台集装箱翻转设备。公司产品面粉和长粒香米获绿色食品认证。

典范产品 1 面粉

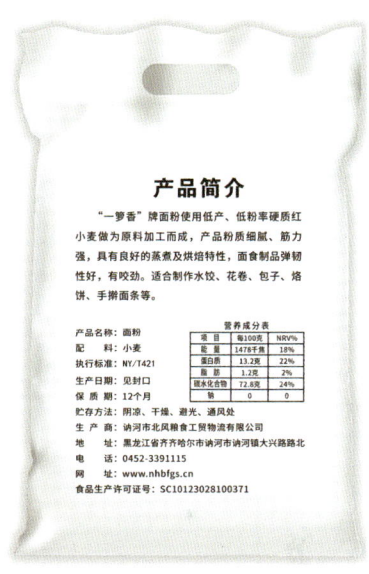

典范产品 2 长粒香米

泰来县绿洲食品加工有限责任公司

泰来县绿洲食品加工有限责任公司始建于2008年,是黑龙江省泰来县一家专业集杂粮杂豆种植基地、杂粮种植专业合作社、互联网营销于一体的"产加销一体化"的综合性民营企业,注册资金1 000万元,是齐齐哈尔市农业产业化重点龙头企业。公司产品绿豆和花生获绿色食品认证。

典范产品 1
绿豆

典范产品 2
花生

黑龙江德盛粮食深加工有限公司

　　黑龙江德盛粮食深加工有限公司位于桦南县经济开发区，是集绿色种植基地、粮食烘干仓储、农产品加工包装、物流销售于一体的农业产业化省级重点龙头企业，获高新技术企业、省级数字化标杆示范企业、省级专精特新企业等荣誉称号。公司产品蒲公英根茶和玉膳粮品玉米营养粉等获绿色食品认证。

典范产品 1　蒲公英根茶

典范产品 2　玉膳粮品玉米营养粉

黑龙江北货郎森林食品有限公司

　　黑龙江北货郎森林食品有限公司是集食用菌研发、种植、加工、销售于一体的基地化产业公司。公司现有黑木耳、秋木耳、猴头菇、榛蘑等数十款产品，获得了6项国家级、36项省级、28项市级荣誉称号，以及绿色食品等10余个产品及体系认证。

典范产品 1　北货郎黑木耳（干）

典范产品 2　北货郎秋木耳（干）

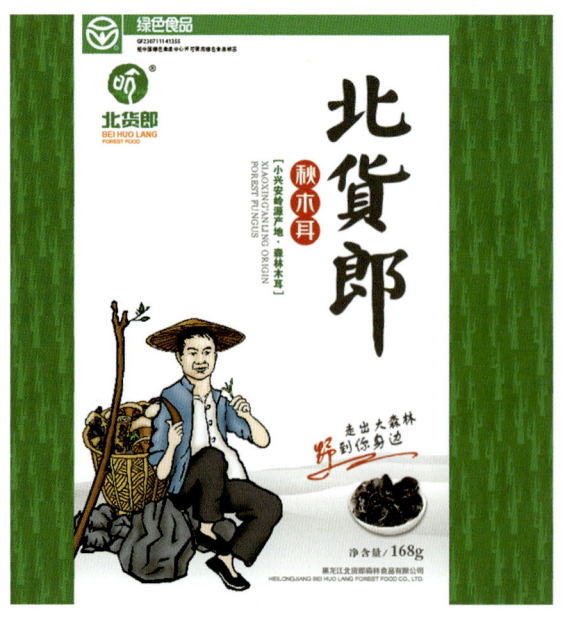
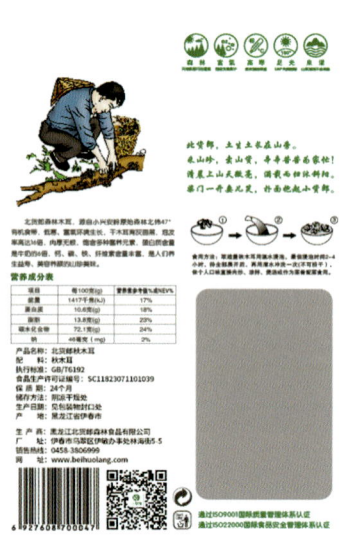

伊春市伊纯蜂业有限公司

伊春市伊纯蜂业有限公司始终以蜜蜂养殖、鲜活蜂产品研发、基地建设为己任，致力于生产、加工、销售最优质鲜活蜂产品。凭借得天独厚的资源优势，加以伊纯对产品品质的严格要求，公司生产的自然成熟蜂蜜、鲜活蜂王浆、优质蜂花粉、纯正蜂胶等蜂产品获绿色食品认证，以鲜活品质、纯正口感深得广大消费者喜爱。

典范产品

自然成熟椴树蜜

勃利县田园音乐葡萄种植专业合作社

　　勃利县田园音乐葡萄种植专业合作社成立于2013年，通过发展农产品的种植、收割、加工、储藏、包装、销售、运输、商品化处理等相关产业，延伸产业链、提升价值链，挖掘农业增收潜力，让其成为相互依存、相互转化、互为资源的循环经济系统。合作社产品甜糯玉米获绿色食品认证。

典范产品：甜糯玉米

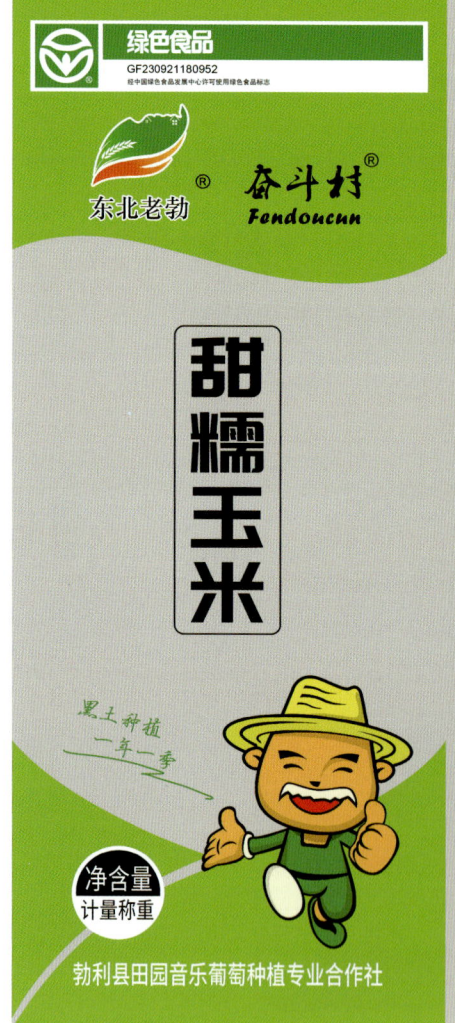
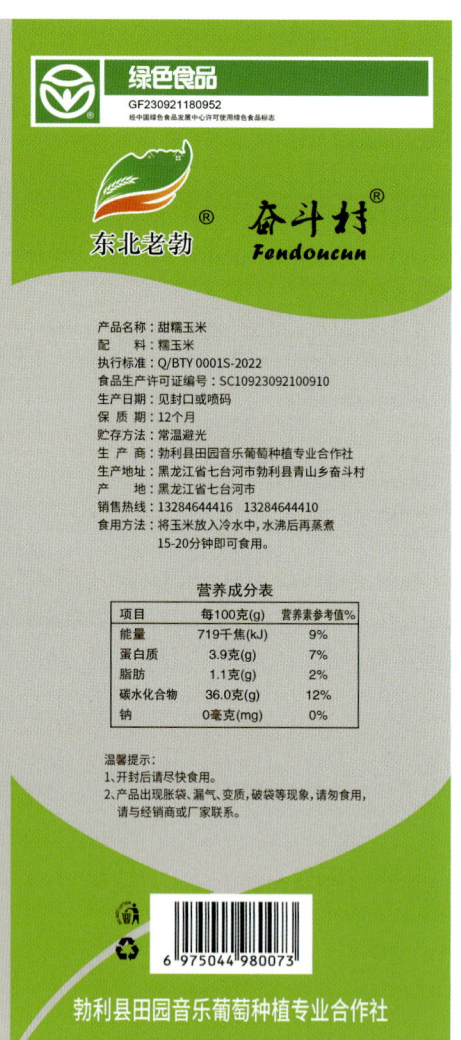

萝北县占花蜜蜂养殖农民专业合作社

　　萝北县占花蜜蜂养殖农民专业合作社是一家从蜂种选育源头生产到产品加工及终端销售全链覆盖的新型经营主体。企业产品已获得"萝北蜂蜜"农产品地理标志、"黑土优品"授权，以及绿色食品认证。

典范产品 1
东北黑蜂椴树蜜

典范产品 2
东北黑蜂雪蜜

五大连池健龙矿泉水有限公司

　　五大连池健龙矿泉水有限公司组建于1994年，厂区占地面积27 000平方米，建筑面积5 324平方米，注册资金1 000万元，拥有固定资产2 000万元、流动资金2 300万元，拥有国内先进的生产设备，有3条矿泉水生产线、1条注坯生产线。公司主要产品有火山冷矿泉水、偏硅酸天然矿泉水、天然矿泉水三大系列，1998年4月获绿色食品认证。

典范产品

天然矿泉水

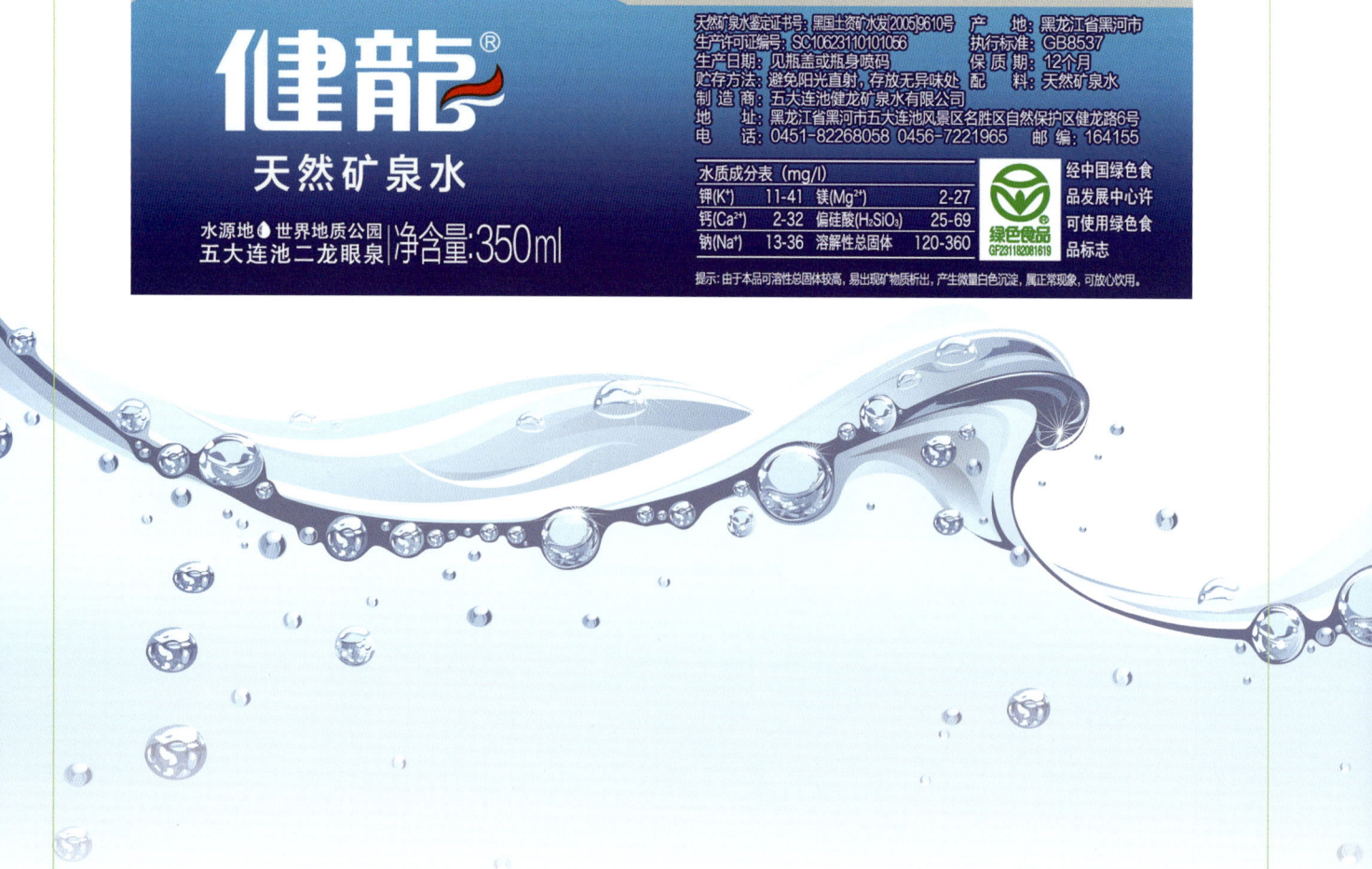

黑龙江兴十四米业有限公司

　　黑龙江兴十四米业有限公司采取集种植、生产加工、销售于一体的现代化经营模式，专业从事绿色水稻的生产加工。公司以兴十四村为种植基地，大力发展绿色种植，引进先进的米业工艺设备，满足了绿色食品大米加工的质量要求。公司的产品精品长粒香（大米）获绿色食品认证。

典范产品

精品长粒香（大米）

鸡东县梁贵峰家庭农场

　　鸡东县梁贵峰家庭农场位于中国优质稻米之乡黑龙江省鸡西市鸡东县进兴村独特的八山一水一分田的生态流域。家庭农场承包10 000亩优良水田，年生产水稻5 500吨，年销售大米3 700吨，是集种植、加工、销售于一体的综合性粮食企业。农场生产的稻花香大米已获绿色食品认证。

典范产品

稻花香

黑龙江省北大荒绿色健康食品有限责任公司

　　黑龙江省北大荒绿色健康食品有限责任公司为北大荒集团旗下重要的大豆及粮食深加工企业。主要从事豆浆粉类产品的生产和加工服务，是以速溶豆浆粉类、谷物方便粥类食品的研发、生产和销售为主，粮食贸易为辅的一体化综合性企业。公司生产的原味豆粉、甜豆浆粉已获绿色食品认证。

典范产品 1　原味豆粉

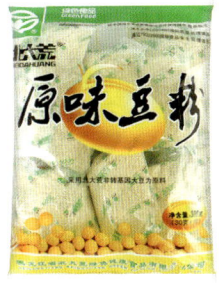

典范产品 2　甜豆浆粉

上海梅家坞茶叶有限公司

上海梅家坞茶叶有限公司以传承中国茶与养生文化为使命，几十年如一日，凝练传统与科学制茶标准。公司将古法手作与技术创新相结合，以"贡苑茶，贡品质"为要求，打造适合国民体质的茗茶和轻养产品，公司生产的玫瑰花冠已获绿色食品认证。

典范产品
玫瑰花冠

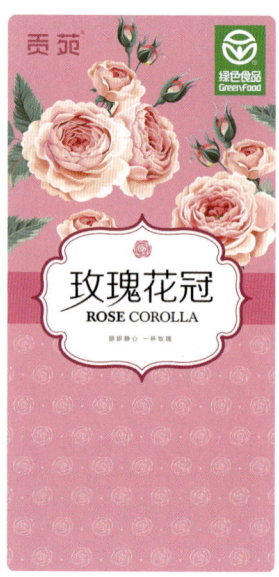
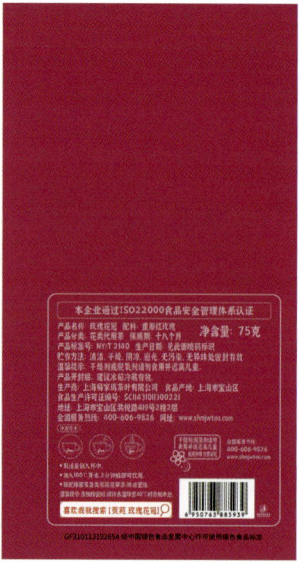

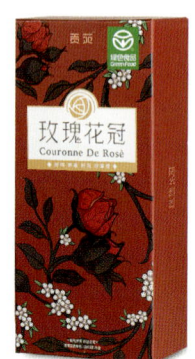

上海尚宇果蔬专业合作社

上海尚宇果蔬专业合作社始建于2013年，位于上海市崇明区新河镇石路村，合作社现有果树种植面积约220亩，主要种有湖景蜜露、新凤蜜露、锦绣黄桃、锦园黄桃等10多个桃树新优品种，年产优质桃近25万千克，年产值近200多万元。合作社生产的桃已获绿色食品认证。

典范产品

桃

上海稻德粮食专业合作社

上海稻德粮食专业合作社成立于2009年1月，注册资金50万元，经营面积785亩，是集水稻种植、销售于一体的专业合作社，2018年注册商标"稻籴"。2013年种植产品大米获绿色食品认证。

典范产品

大米

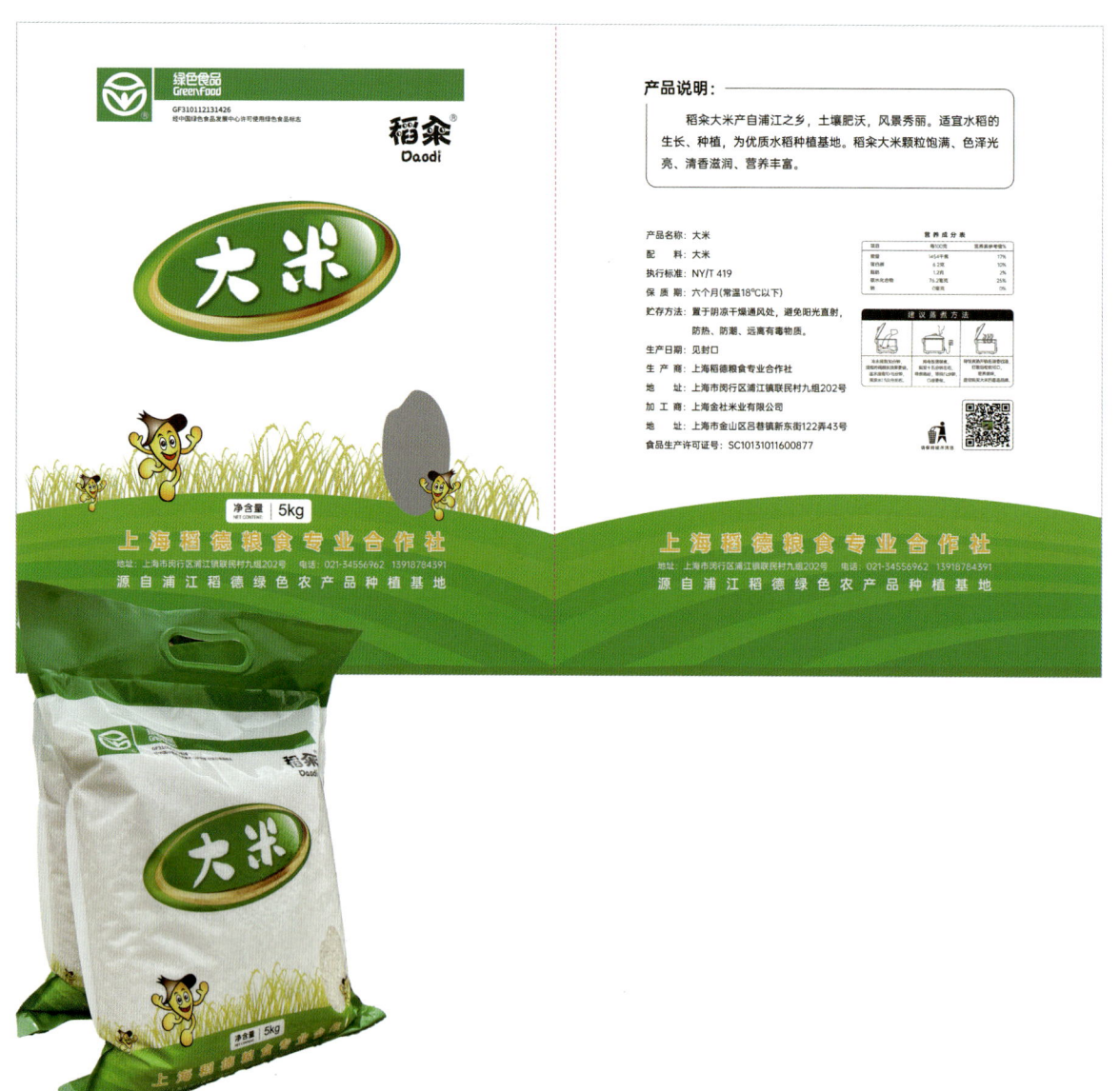

上海鲁农粮食专业合作社

　　上海鲁农粮食专业合作社建于2011年7月，注册资金60万元，合作社建筑面积1 250平方米、晒场350平方米，是集水稻种植和销售于一体的稻米专业合作社；2015年注册商标"江农"，2018年大米产品获绿色食品认证。

典范产品
大米

上海许家草致益农业专业合作社

上海许家草致益农业专业合作社成立于2021年11月26日，经营项目为水稻种植及松江大米销售，注册资金50万元，基地位于新浜镇许家草村，水稻经营规模1 466亩，产品松江大米于2024年4月获绿色食品认证。

典范产品

松江大米

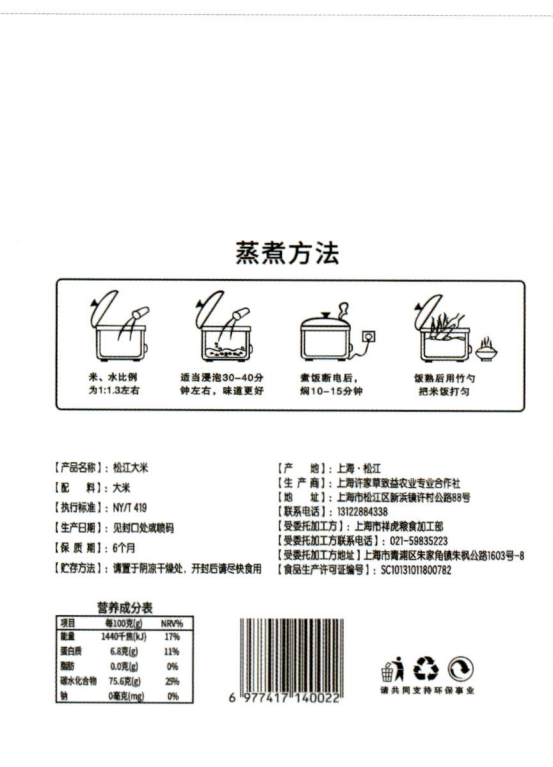

上海松林米业有限公司

　　上海松林米业有限公司依托松林养猪产业链优势，以"养猪到农田，种养结合"的模式种植绿色水稻15 000余亩，带动标准化种养结合家庭农场108家。公司坚持绿色发展理念，生产的"松林"牌松江大米获绿色食品认证。

典范产品
松江大米

上海沐恩农业专业合作社

上海沐恩农业专业合作社成立于2018年，经营面积近3 000亩，以优质水稻、果品种植为主，目前已有5个产品获绿色食品认证，农产品品质优异，多次在各级评比中获奖。合作社严格遵守绿色食品生产管理制度，建立了较为完善的全程质量控制体系，用标规范，产品质量稳定。

典范产品：娘田米

上海马陆葡萄研究所

上海马陆葡萄研究所成立于1992年，葡萄产品2007年获绿色食品认证，基地占地215亩，种植生产品种近50个，保持种质资源百余份，是马陆葡萄新技术研发、新品种选育、新模式推广的阵地堡垒。

典范产品
传伦葡萄

南京老山药业股份有限公司

南京老山药业股份有限公司是专业从事蜜蜂产品研制、生产与销售的"中华老字号"国有企业。公司始终坚持"溯源管理、品质稳定"的质量管理目标，拥有绿色蜂产品生产基地6家，已获绿色食品认证20余年。

典范产品 1
洋槐蜂蜜

典范产品 2
蜂王浆冻干粉

南京天纬农业科技有限公司

南京天纬农业科技有限公司成立于2013年10月，位于金牛湖街道马头山村，2023年递补为国家级农业龙头企业，是南京市放心消费先进企业。主要从事粮食生产、初加工、粮食烘干、订单农业等，拥有优质稻麦生产基地约6 000亩，生产的天纬大米获绿色食品认证。

典范产品

天纬大米

南京淳峰茶业有限公司

南京淳峰茶业有限公司拥有300余亩优质无性系茶园、320平方米的标准厂房，以及各种茶叶机械50多台。公司生产的"春淳"牌系列茶主要有碧螺春、高淳白茶、雨花茶等地方名茶，均已获绿色食品认证。

典范产品 1　碧螺春

典范产品 2　高淳白茶

江苏大庄农业科技发展有限公司

　　江苏大庄农业科技发展有限公司成立于2016年，位于永久性菜篮子基地、国家特色小镇——邳州市碾庄镇。作为徐州市农业产业化龙头企业，公司秉承综合示范、创新务实、科技助农、高效发展的经营理念，主要围绕蔬菜产业，开展种子种苗研发、蔬菜种苗生产、绿色果蔬生产、农业技术推广和农民教育培训。公司产品黄瓜获绿色食品认证。

典范产品
黄瓜

常州市金土地农牧科技服务有限公司

　　常州市金土地农牧科技服务有限公司是江苏省农业科技型企业，成立于2000年，总投资1 000万元，主要致力于农林科技开发。公司位于常州市新北区西夏墅镇，种植面积150亩。公司对外推广种植，在全国11个省市建立合作种植基地，总合作面积10万余亩。公司先后承担国家及省市各级研究项目10项（其中薄壳山核桃8项），多次荣获省、市科技进步奖。与多家科研机构建立了科研合作关系，是江苏省林业科学研究院的研发基地、江苏省农业科学院薄壳山核桃示范基地、镇江市农业科学院薄壳山核桃研发中心，以及南京林业大学、四川农业大学林业学院薄壳山核桃产学研合作基地。公司产品薄壳山核桃获绿色食品认证。

典范产品

薄壳山核桃

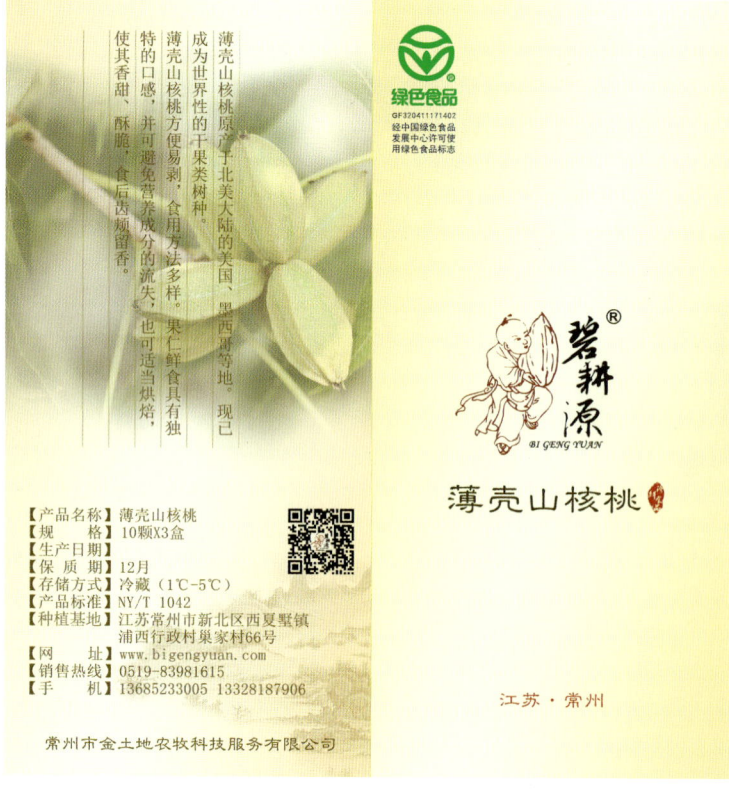

常州万绥粮油有限公司

　　常州万绥粮油有限公司成立于1992年，注册资金500万元，绿色食品水稻种植面积1 121亩，拥有1万吨高标准现代化粮食仓、日产300吨大米的生产流水线、14台谷物低温干燥机。公司从事粮食收购，是一家以大米加工、销售为主，承担市成品粮油应急储备的民营企业。近年来获常州市放心粮油示范加工企业、常州市农业产业化重点龙头企业、常州市联农惠农十佳龙头企业等众多荣誉称号。公司产品孟河大米获绿色食品认证。

典范产品

孟河大米

溧阳市天目湖毛尖花红生态农业有限公司

　　溧阳市天目湖毛尖花红生态农业有限公司于2012年10月创建了天目席茶品牌。公司基地位于天目湖畔毛尖村，现有茶园面积1 000余亩，茶园主要分布在毛尖村山区，周围无工业污染，绿树葱茏，环境优雅。这里生态自然、土地肥沃，是绿茶种植的绝佳地。公司产品天目湖白茶（绿茶）、天目湖黄金茶金香螺（绿茶）获绿色食品认证。

典范产品 1
天目湖白茶（绿茶）

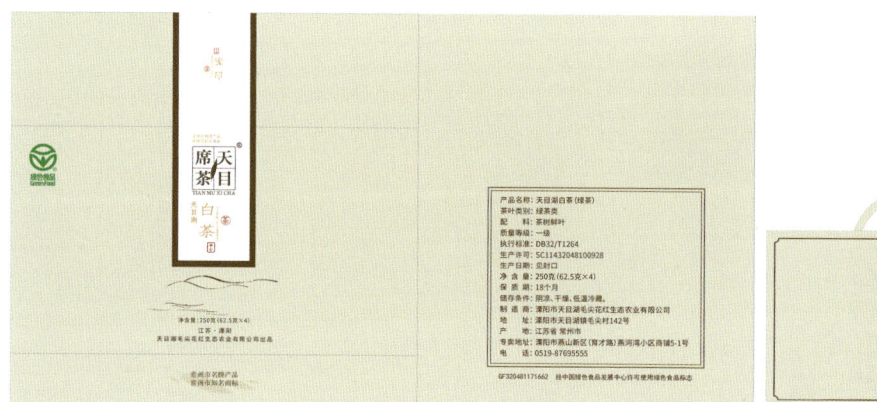

典范产品 2
天目湖黄金茶金香螺（绿茶）

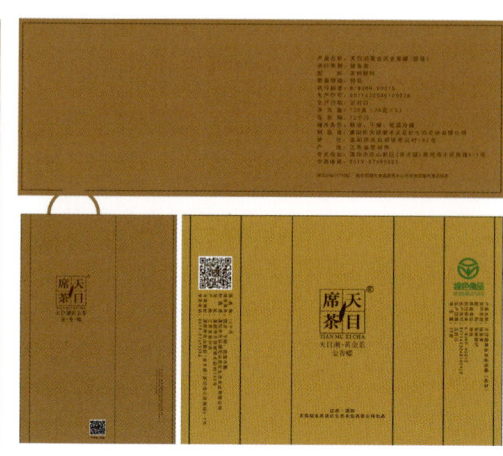

太仓市电站生态园农产品产销专业合作社

太仓市电站生态园农产品产销专业合作社成立于2008年，主要从事绿色蔬菜、瓜果的种植、经销及农副产品的深加工，并拓展三产旅游业发展。多年来，合作社坚持"做大一个产业，依托四个支撑的发展思路"（做大一个蔬果产业，依托科技、品牌、现代营销和农业旅游四个支撑），不断完善基础设施建设，基地现有高标准农田面积2 580亩，主要种植绿色蔬菜、优质林果和粮食作物，一年四季蔬果飘香，成为远近闻名的蔬果产地和休闲农旅目的地。合作社的产品蜜梨、葡萄获绿色食品认证。

典范产品 1　优质电站村蜜梨

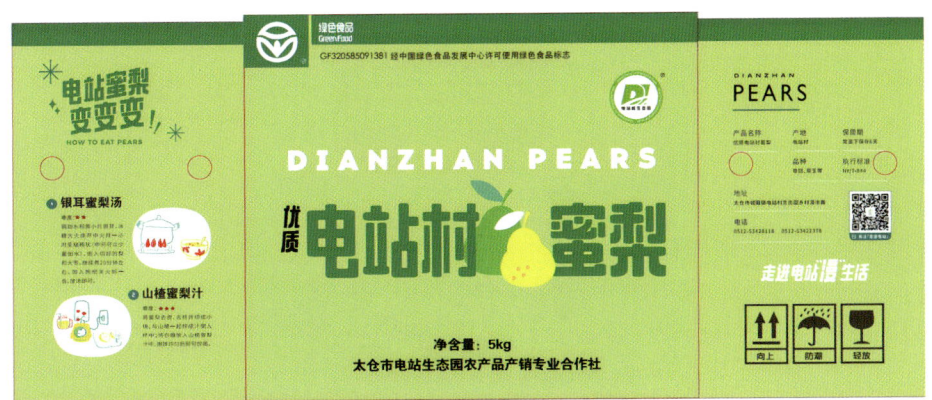

典范产品 2　优质电站村葡萄

江苏润保源谷物种植有限公司

　　江苏润保源谷物种植有限公司坐落于海安市孙庄街道夏岔村，经海安市人民政府招商引资成立于2017年8月，是集粮食收购、储存、销售于一体的综合性、现代化农业生产企业，2020年被评为海安市龙头企业。公司产品润保源大米获绿色食品认证。

典范产品
润保源大米

如皋市佳浩果蔬科技发展有限公司

　　如皋市佳浩果蔬科技发展有限公司是一家集各类优秀葡萄品种的种植和销售于一体的农业公司，主营业务为冰琪牌冰琪葡萄（含盖夏黑、醉金香、美人指、阳光玫瑰、蓝宝石等主流品种），自成立以来，一直致力于"品质第一，服务第一"的"两个一"标准。公司产品冰琪葡萄获绿色食品认证。

典范产品
冰琪葡萄

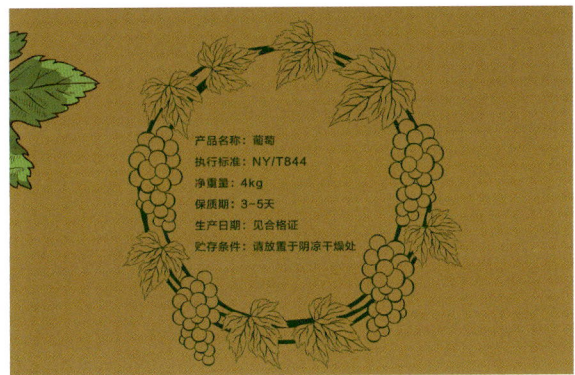

淮安市洪泽岔东绿色食品有限公司

　　淮安市洪泽岔东绿色食品有限公司坐落于洪泽区岔河镇，专业从事优质稻米生产、加工、营销，拥有绿色食品基地20 000亩、有机产品基地1 500亩，是国家级生态农场、国家现代农业全产业链标准化示范基地、全国种植业"三品一标"基地。

典范产品

岔东大米

淮安康得乐食品有限公司

　　淮安康得乐食品有限公司坐落于江苏省淮安市淮安区建淮民营科技园，是市级农业产业化龙头企业，省、市农业科技型企业。拥有蒲菜加工技术发明专利4件、著作权10件，参与制定省级标准2项、市级标准1项、市级团体标准2项。"淮蒲"牌淮安蒲菜2022年入选江苏省品牌农产品名录，2023年获评江苏省农业企业品牌蔬菜类十强。公司产品香脆蒲菜、淮安蒲菜获绿色食品认证。

典范产品 1
香脆蒲菜

典范产品 2
淮安蒲菜

宿豫区品缘家庭农场

宿豫区品缘家庭农场以发展现代化农业为目标，诚信经营、完善服务，严格按照《绿色食品 葡萄种植规程》进行种植生产活动，产品酸甜可口、营养丰富，销售到全国各地，广受消费者好评。农场产品东方优系葡萄获绿色食品认证。

典范产品
东方优系葡萄

宿迁市元中西瓜种植专业合作社

宿迁市元中西瓜种植专业合作社致力于发展地方名特优农产品，传承和发扬"洋北西瓜"传统培育和种植特色，与农科院所合作促进绿色食品"洋北西瓜"提品升级。"洋北西瓜"获绿色食品认证，先后获评省、市名牌产品，省西甜瓜评比"中小型"西瓜金奖。

典范产品

洋北西瓜

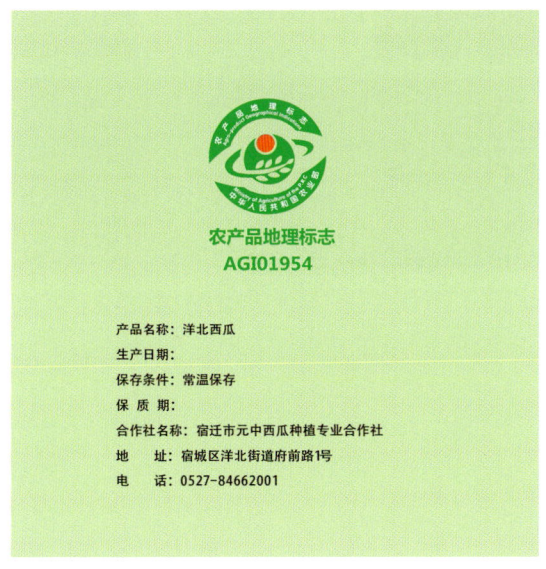

杭州余杭区径山四岭名茶厂

　　杭州余杭区径山四岭名茶厂是浙江省现代农业科技示范基地、浙江省农业"机器换人"示范基地、浙江省示范茶厂、省级低碳生态农场、五星级茶厂、"品字标"企业，是径山名茶重点示范生产单位。茶厂产品2005年获有机产品认证，2020年获绿色食品认证。

典范产品

径山茶

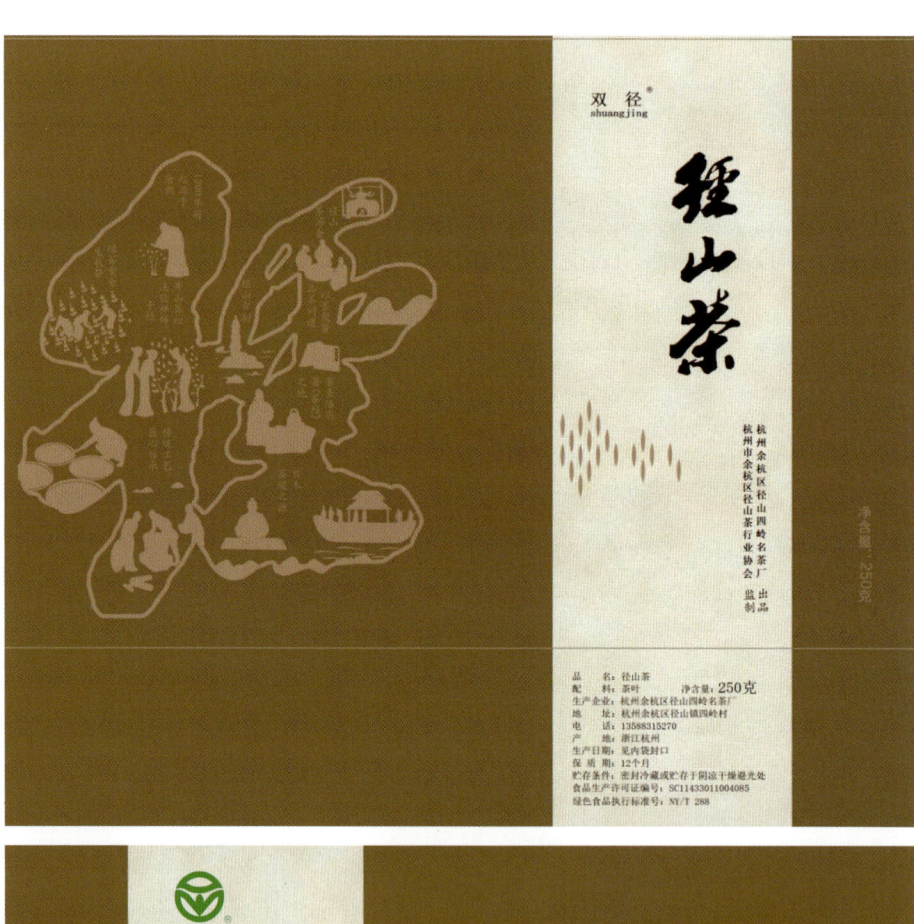

浙江海之味水产有限公司

　　浙江海之味水产有限公司创建于1998年，前身为台州海之味水产有限公司，坐落于浙东沿海渔业大镇温岭市松门镇迎宾大道。现公司拥有总资产2.6亿元，年产值为2亿元，总面积66 800平方米，已发展成为以水产精加工为主导产业，集加工、贸易、养殖于一体的多领域企业。

　　公司一直非常注重质量管理和技术改造，立足市场要求，先后被评为浙江省骨干农业龙头企业、浙江省农产品加工示范企业、重合同守信用AAA级单位。公司产品冻煮熟章鱼获绿色食品认证。

典范产品

冻煮熟章鱼

杭州余杭三水果业有限公司

　　杭州余杭三水果业有限公司创建于2003年，是杭州市农业龙头企业、国家高新技术企业。园区核心种植面积500亩，以"基地（合作社）+公司+农户"的方式带动鸬鸟蜜梨种植面积2 000余亩。园区建有浙江省首家"科技小院"，并持有6件发明专利和2件地方标准。公司产品鸬鸟蜜梨获绿色食品认证。

典范产品
鸬鸟蜜梨

温岭市吉园果蔬专业合作社

温岭市吉园果蔬专业合作社成立于2005年，是一家集瓜果蔬菜种植、营销和采摘体验于一体的现代农业科技合作组织。获得国家级示范性农民专业合作社、国家级星创天地、全国巾帼现代农业科技示范基地、浙江省现代农业科技示范基地、省级示范性青创农场、省级农民田间学校等荣誉称号。合作社拥有高品质西瓜核心种植示范基地和现代化设施种苗生产基地，合作社一直致力于种植出食用放心、品质自然的果蔬。合作社生产的西甜瓜连续5年获得浙江省农业博览会金奖、第十六届中国国际农产品交易会金奖，是市民最喜爱的十大品牌农产品，被授予浙江省名牌农产品称号并纳入全国名特优新农产品名录。公司产品西瓜获绿色食品认证。

典范产品

西瓜

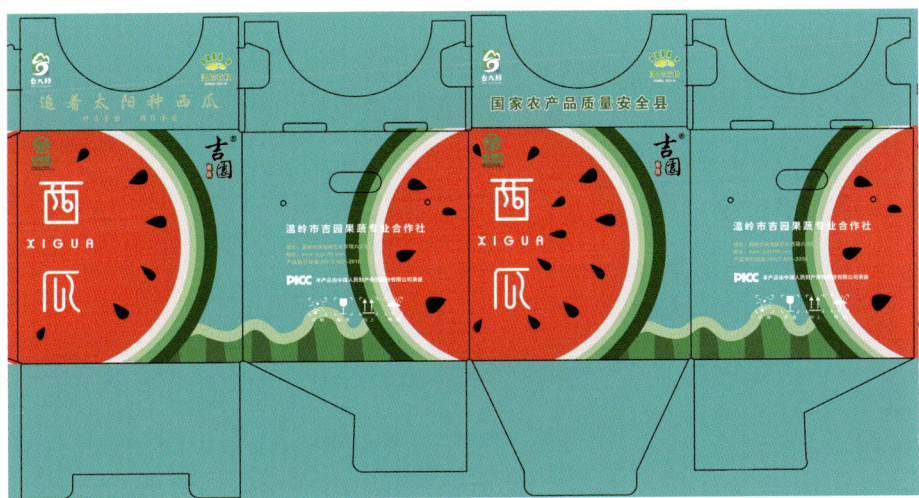

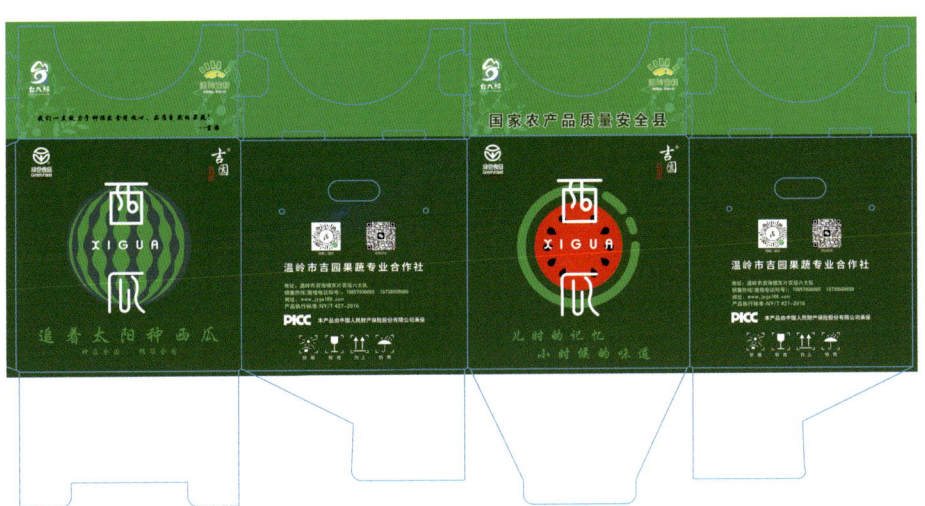

宁波市江北慈城绿禾食品有限公司

宁波市江北慈城绿禾食品有限公司是一家专业生产慈城水磨年糕的企业，位于慈城水磨年糕的发源地——慈城镇。生产面积达到2 000平方米，制作工艺沿用传统的水磨年糕制作方法，精致水磨和木桶蒸粉使得做出来的年糕香糯可口。公司产品水磨年糕和手工年糕获绿色食品认证。

典范产品 1　慈城绿禾水磨年糕

典范产品 2　慈城绿禾手工年糕

● 象山石浦昌明家庭农场

象山石浦昌明家庭农场成立于2013年11月,省级家庭农场、宁波市六园示范基地、"一县一品一策"项目建设单位、象山红美人柑橘标准化栽培技术示范基地。产品获绿色食品认证。农场多次代表象山柑橘参加省级、国家级博览会并获金奖。现自营110亩,合作1 300余亩。

典范产品

东味柑橘

宁波市鄞州大岭农业发展有限公司

宁波市鄞州大岭农业发展有限公司成立于2011年，注册资本50万元。公司以茶树种植，以及茶叶加工、销售和研发为主营业务。公司现有优质农产品茶叶生产基地500多亩，茶叶初制场3 000多平方米，具备日产名优茶60千克的能力。公司在传承非物质文化遗产"太白茶制作技艺"的基础上，研发生产的"甬茗大岭"绿茶、红茶产品，因品质优异，深受消费者喜爱，并在国内外多次茶叶评比中获奖。甬茗大岭红茶、甬茗大岭绿茶获绿色食品认证。

典范产品 1　甬茗大岭（红茶）

典范产品 2　甬茗大岭（绿茶）

宁波市奉化银龙竹笋专业合作社

宁波市奉化银龙竹笋专业合作社位于奉化区溪口镇，成立于2009年10月，雷笋绿色食品认证面积2.091 6万亩，有机雷笋基地200亩。合作社匠心打造的千亩规模银龙谷雷笋产业基地，进一步突显了集种植、加工、销售、服务、竹笋文化于一体的特色产业优势，示范带动全镇雷竹种植专业村22个，辐射农户12 000余户，累计帮扶低收入农户634户。该合作社相继获得全国农民合作社示范社、全国科普惠农兴村先进单位、全国农民合作社500强等殊荣。

典范产品：溪口雷笋

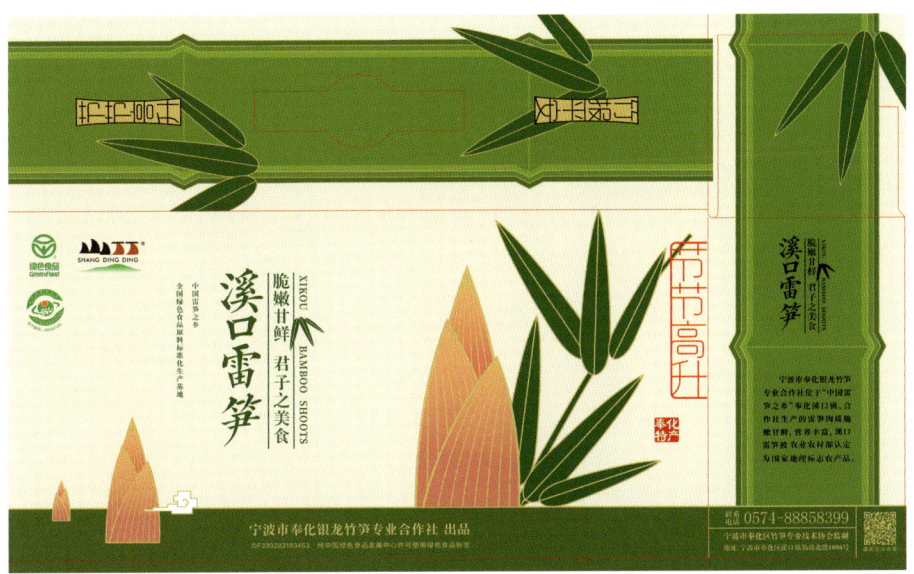

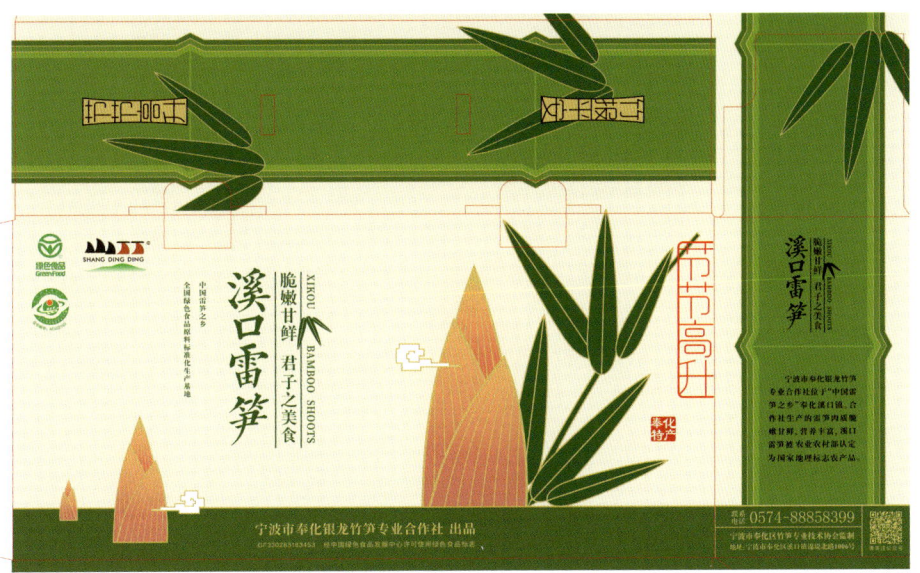

宁波市海曙龙观甬铭水蜜桃农场

宁波市海曙龙观甬铭水蜜桃农场成立于2000年，位于宁波市海曙区龙观乡。农场多年来坚持绿色、可持续发展理念，2020年获评市级示范性家庭农场，2021年获评省级示范性家庭农场。2019年甬铭水蜜桃获绿色食品认证。

典范产品

甬铭水蜜桃

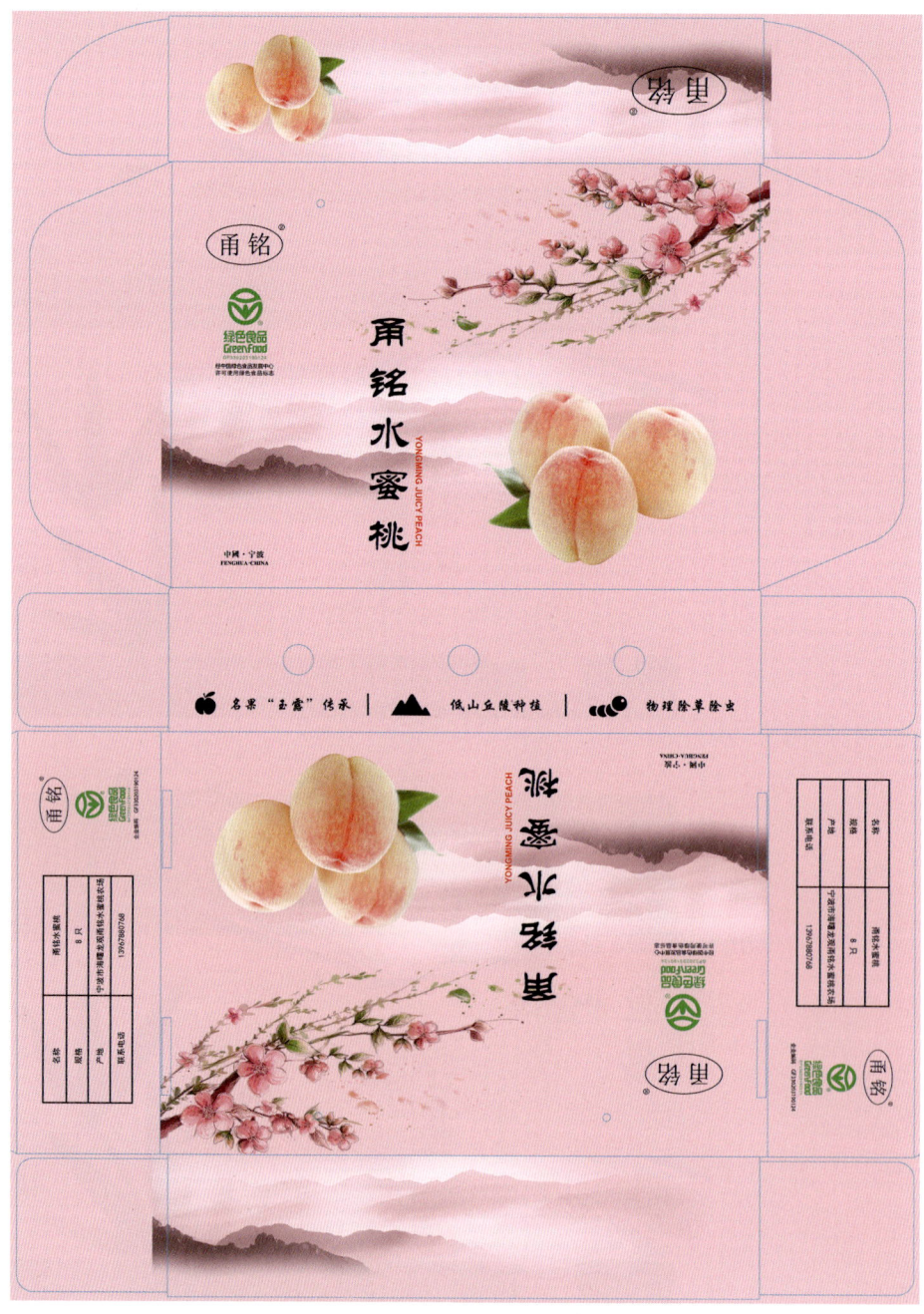

安徽有余跨越食品开发股份有限公司

安徽有余跨越食品开发股份有限公司成立于2008年，是一家集优质瓜蒌种苗培育，瓜蒌种植，瓜蒌籽原料收购、仓储、加工、销售于一体的农业产业化省级重点龙头企业，是潜山市瓜蒌产业协会会长单位、安徽省首批长三角绿色农产品生产加工供应示范基地。公司产品已获绿色食品认证，有机认证，农产品地理标志保护认证，ISO 9001质量、环境、职业健康三体系认证。2022年获安徽省"皖美农品"企业品牌和生态农场荣誉称号，2023年获最受市民喜爱的绿色食品和中国安徽名优暨农业产业化交易会参展产品金奖。

典范产品 1
天柱山瓜蒌籽（奶油味）

典范产品 2
天柱山瓜蒌籽（原味）

五河县泉兴种养殖家庭农场

　　五河县泉兴种养殖家庭农场位于蚌埠市五河县申集镇大董村，于2019年4月注册成立。农场从2018年在申集镇大董村流转土地近700亩进行改造，稳定建立了稻虾综合种养基地。绿色水稻原料基地稳定，沱禾虾田米质量稳定，获绿色食品认证。

典范产品
沱禾虾田米

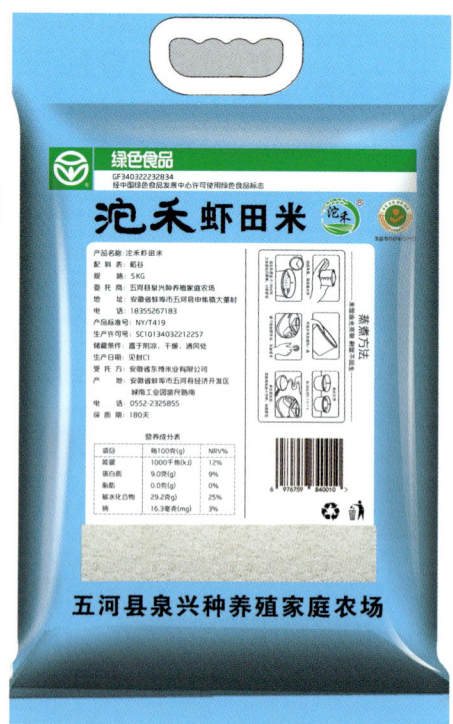

安徽雪莲面粉有限责任公司

安徽雪莲面粉有限责任公司是安徽省农业产业化重点龙头企业，是一家集面粉加工、销售、仓储于一体的农产品初加工企业，公司主要生产"宋缘"牌雪莲系列面粉、麸皮，其中面粉、麸皮是其主导产品，设计日产量400吨，年产面粉94 000吨、麸皮43 000吨。公司产品雪莲特精粉（小麦粉）已获绿色食品认证。

典范产品

雪莲特精粉（小麦粉）

池州市贵池区长垅茶叶种植专业合作社

池州市贵池区长垅茶叶种植专业合作社组建于2013年9月，采取"合作社＋基地＋农户"的运作模式，现有社员101户，2021年被评为省级农民示范合作社。公司产品长垅绿茶2020年8月获绿色食品认证。

典范产品

长垅绿茶

安徽省百麓现代农业科技有限公司

安徽省百麓现代农业科技有限公司成立于2018年6月，为百麓控股集团全资子公司，企业投资建设并运营"太和县食药用菌科技产业园"，该项目为安徽省重点项目，园区占地面积680亩，总投资5.1亿元，企业通过HACCP和ISO 9001质量管理体系认证，采用标准化、工厂化、智能化方式生产高品质食药用菌产品，获绿色食品认证，形成了较好的品牌效应。"百麓"竹荪和蛹虫草获中国安徽名优产品暨农业产业化交易会参展产品金奖。太和蛹虫草和太和红托竹荪成功入选农业农村部农产品质量安全中心2023年第二批全国名特优新农产品名录。

典范产品 1
蛹虫草

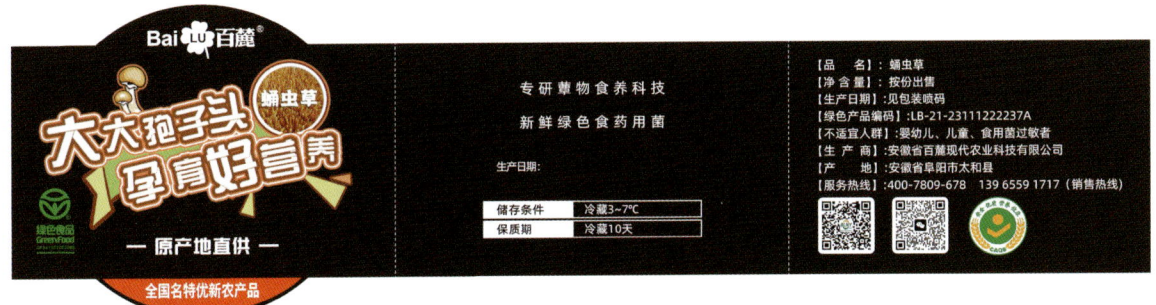

典范产品 2
竹荪

庐江县新明粮油有限公司

　　庐江县新明粮油有限公司成立于2005年4月，注册资本1 800万元，占地面积5万平方米，是集粮食收购、储存、加工、销售于一体的粮食加工民营企业和科技创新企业，系安徽省级农业产业化龙头企业。现有仓储容量6万吨，拥有2条日处理150吨大米生产线及日处理稻谷1 000吨的烘干中心。年生产量5万吨，年产值达1.5亿元。公司产品报喜鸟大米获绿色食品认证。

典范产品

报喜鸟大米

安徽国力农业科技有限公司

　　安徽国力农业科技有限公司成立于2001年10月，是以粮食种植、粮食加工、粮油产品销售为主的民营企业。国力香糯米、国力香软米采用自然加工适度碾磨工艺，突显自然、绿色、健康属性，已获绿色食品认证。

典范产品 1　国力香糯米

典范产品 2　国力香软米

凤台县国武粮油工贸有限公司

　　凤台县国武粮油工贸有限公司始建于2005年，前身是成立于1997年的凤台县马店镇国武米厂，现已成长为集粮食收购、加工、经营、配送和质优稻生产于一体的农业产业化国家重点龙头企业。徐桥牌糯米、徐桥牌水磨糯米粉于2014年获绿色食品认证，2019年获评安徽省50强绿色食品，2023年初获评2022年我最喜爱的绿色食品。

典范产品 1　徐桥牌糯米

典范产品 2　徐桥牌水磨糯米粉

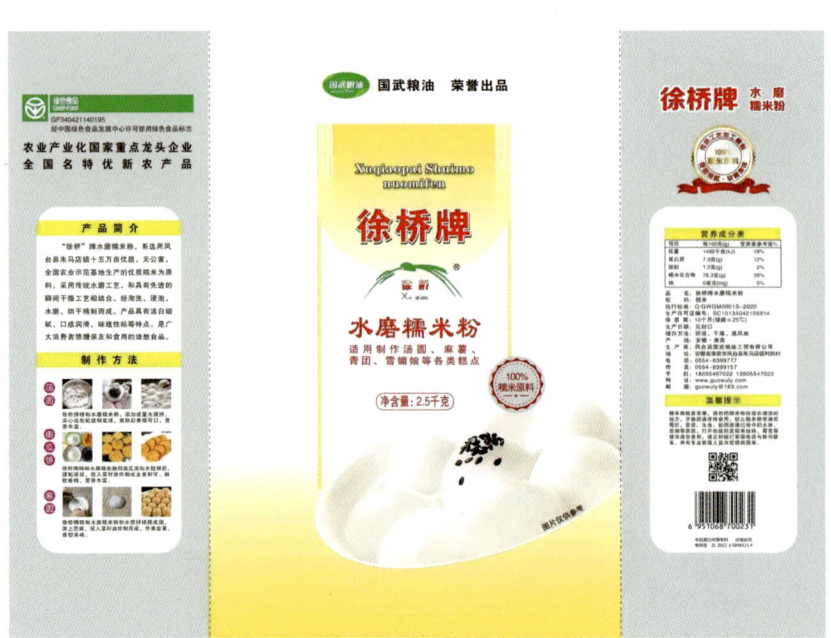

六安市裕安区成兵家庭农场

　　六安市裕安区成兵家庭农场是一家致力于生态农业和可持续发展的家庭农场，位于六安市裕安区固镇镇，成立于2013年。农场主要种植水稻，占地约10 000亩。公司产品固镇虾稻米2019年获绿色食品认证，2022年获评全国名特优新农产品。

典范产品

固镇虾稻米

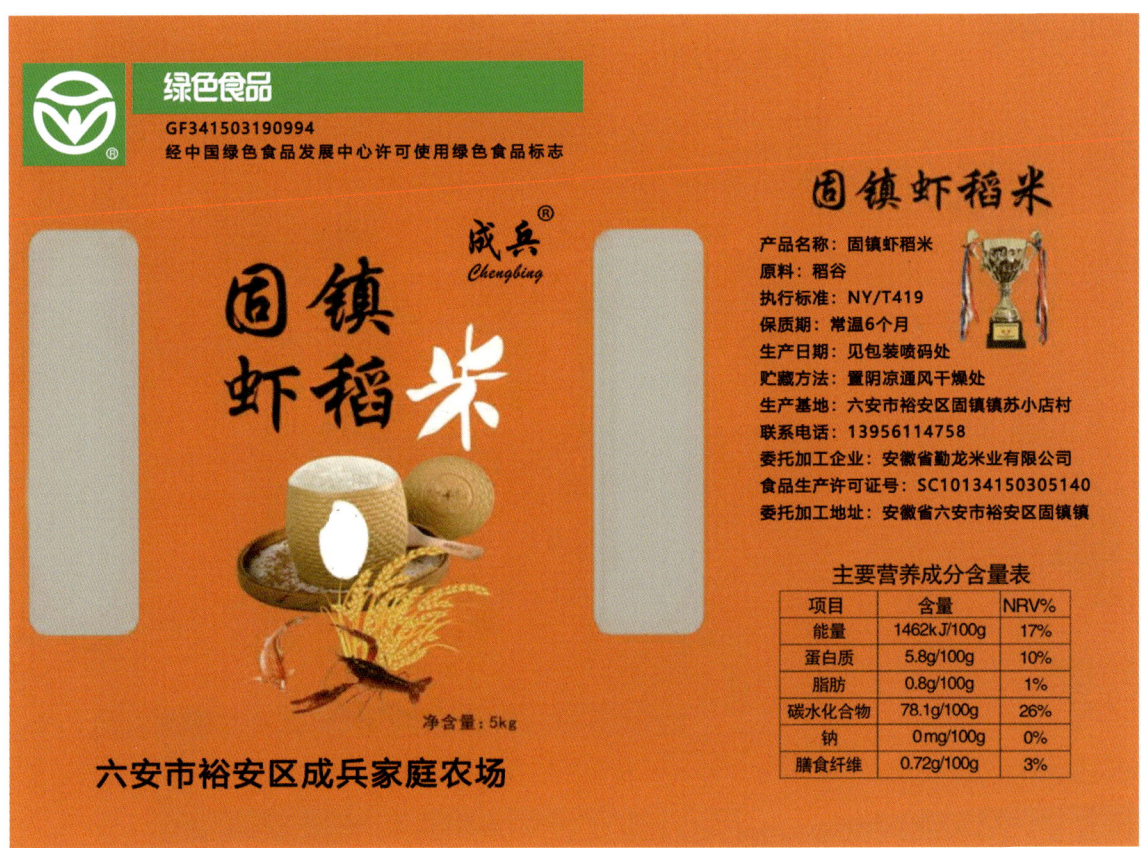

六安玫瑰红茶品有限公司

六安玫瑰红茶品有限公司于2014年成立，位于霍山县与儿街镇大沙埂村农业科技园，注册资金600万元，拥有2 000平方米专业化加工厂房。公司主要研发生产桑叶红茶降糖系列产品，桑叶红茶（代用茶）获绿色食品认证。公司技术团队开发出世界领先的"桑叶低温多次发酵"专利生产技术。

典范产品

桑叶红茶（代用茶）

马鞍山市采石矶食品有限公司

　　马鞍山市采石矶食品有限公司注册成立于2003年，由原国有企业采石茶干厂改制而成，位于马鞍山市雨山区。公司现有豆制品加工生产线1条，日加工黄豆6吨，年销售额近6 000万元。公司主要产品有各种休闲口味茶干，采石矶茶干获绿色食品认证。

典范产品

采石矶茶干

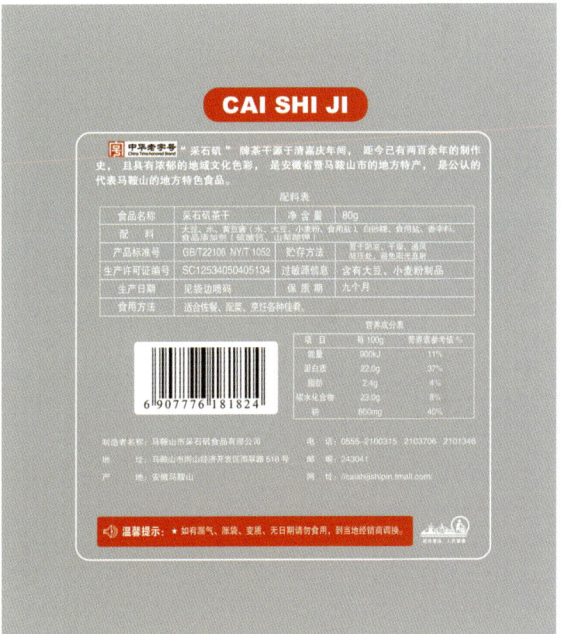

安徽稼园香食品有限公司

安徽稼园香食品有限公司系开城镇省级现代农业产业园配套加工项目，符合环保、高效、低耗、经济、安全等要求，被评为安徽省农业产业化省级重点龙头企业、"食安安徽"品牌、高新技术企业。公司有6个产品获绿色食品认证。

典范产品 1
稼园香圆粒香（粳米）

典范产品 2
稼园香丝苗米（籼米）

安徽佳洁面业股份有限公司

安徽佳洁面业股份有限公司是集粮食收购、储存、加工、销售、优质麦种繁育、种植、产业化经营于一体的市级龙头企业，拥有原粮储存能力8 000吨、成品仓库800平方米、面粉生产线2条，日加工小麦400吨，全力打造绿色、健康、营养的"嘉耀"精品。公司产品特一粉（小麦粉）已获绿色食品认证。

典范产品

特一粉（小麦粉）

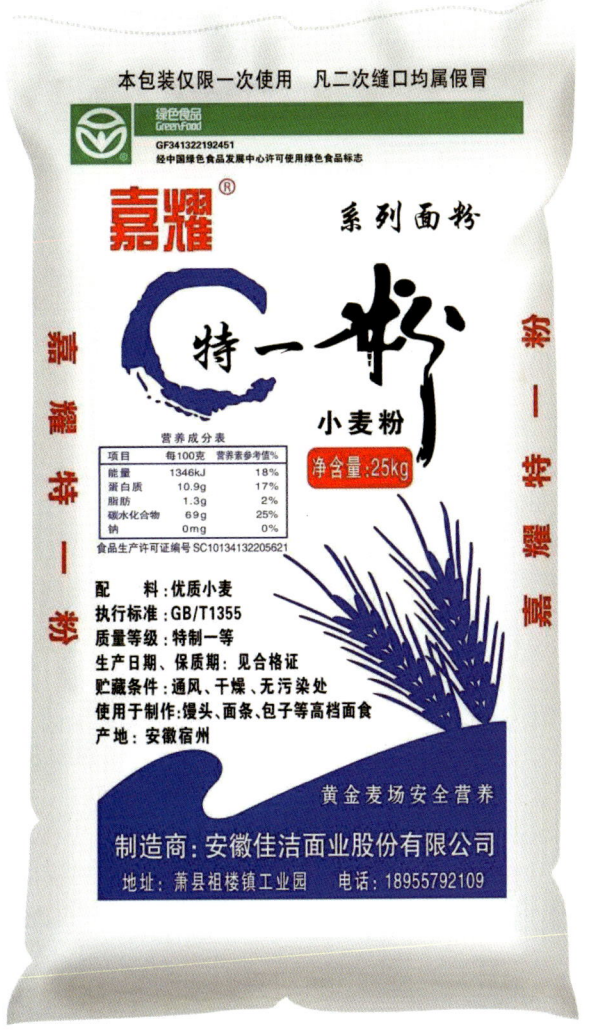

安徽格瑞农业开发有限公司

安徽格瑞农业开发有限公司坐落于安徽省旌德县，是一家集种植、加工、销售、服务于一体的菊花茶企业。旗下旌菊商标注册于2019年，以"健康、自然、绿色、生活"为品牌理念。公司产品菊花茶已获绿色食品认证。

典范产品：菊花茶

安徽华栋山中鲜农业开发有限公司

　　安徽华栋山中鲜农业开发有限公司成立于2000年，位于安徽省宣城市宣州区孙埠镇，现为国家肉鸡良种扩繁推广基地、省级重点龙头企业、安徽省绿色食品50强企业、安徽省高新技术企业等。公司产品鸡蛋、冰鲜老母鸡已获绿色食品认证。

典范产品 1
鸡蛋

典范产品 2
冰鲜老母鸡

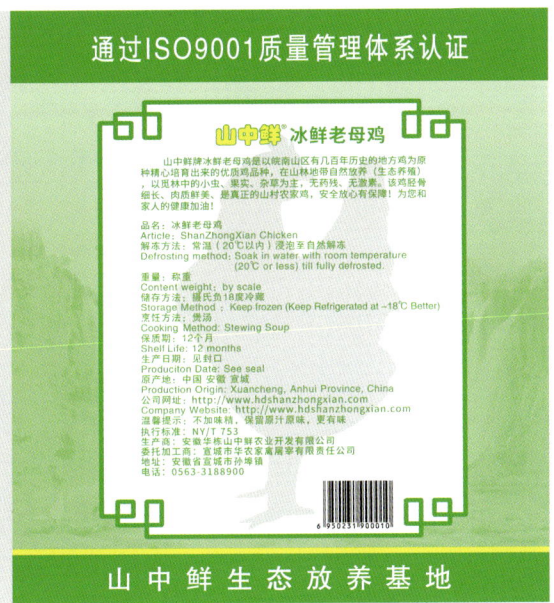

旌德县三合绿色食品开发有限公司

旌德县三合绿色食品开发有限公司是市级农业产业化龙头企业，主要从事乔亭小籽花生的种植、加工及销售。乔亭小籽花生是绿色食品、国家地理标志农产品、全国名特优新农产品、安徽省必购旅游产品。据传在清乾隆年间，当地小籽花生曾被选为朝廷贡品。

典范产品

乔亭小籽花生（果）

金维他（福建）食品有限公司

金维他（福建）食品有限公司成立于2001年，公司以燕麦为主营产品，专注健康食品行业已23年。公司秉承"敬业、守信、进取、创新"的企业精神，先后创立"金惟他"及"第三主粮"两大品牌，立志为广大消费者带来绿色优质的产品。金维他以"成为健康食品行业专业供应商"为愿景，在张北坝上高原建有4万亩燕麦种植基地（其中有5 000亩绿色食品种植基地、5 000亩有机食品种植基地），实现集种植、加工、销售于一体的燕麦全产业链经营。

典范产品

高纤纯燕麦片

阿一波食品有限公司

阿一波食品有限公司始创于1990年，是一家专业从事紫菜、海苔、橄榄菜、调味品、酱菜、冻干系列等农业绿色食品深加工的大型民营企业，是农业产业化国家重点龙头企业，为《干紫菜》国家标准起草单位之一。

公司先后获得中国名牌农产品、中国驰名商标、福建名牌农产品、福建省著名商标、中国绿色食品认证、中绿华夏有机食品认证等。公司设立的企业技术创新中心为泉州市级技术中心、福建省级闽南坛紫菜行业星火技术创新中心，同时也是福建省水产技术推广总站坛紫菜加工推广示范基地和福建省水产研究所海洋食品科研基地。

典范产品 1：深海紫菜

典范产品 2：速食紫菜（海鲜味）

顺昌县新庄稼人果蔬农民专业合作社

顺昌县新庄稼人果蔬农民专业合作社于2008年成立,以"专业社＋农户"为经营模式,通过"三抓五统一"立足田间地头,发展"五新"技术,以生产销售绿色优质芦柑、橘柚、爱媛等为主,现有柑橘基地2 000亩,年生产销售名优柑橘5 000吨,其中现代化果园示范基地150亩,2014年被福建省农业厅评为省级家庭农场示范场、农业科技试验示范基地、全国绿色食品出口原料基地。

典范产品

顺昌爱媛

莆田市东盛现代农业有限公司

　　莆田市东盛现代农业有限公司位于莆田市涵江区，主要经营蔬菜、水稻种植和销售等，是省级优质农产品生产基地。公司的"连天绿"牌本地花椰菜品种，营养丰富，柔软爽脆，极具地方产品特色，深受消费者喜爱，在2020年被评为福建省名牌农产品，2021年获绿色食品认证，2023年被纳入全国名特优新农产品名录。

典范产品

花椰菜

宁德市宝田农业发展有限公司

　　宁德市宝田农业发展有限公司成立于2012年，主营红茶、绿茶、白茶，是一家集基地种植、生产加工和产品销售于一体的现代化综合企业，公司注册"龟来寿"品牌，产品远销全国各地。公司在经营过程中，实施"公司+基地+农户"的发展模式，公司本着"以质量求生存，以诚信求发展"的原则，以"绿色、健康、持续、效益"为品牌理念，严格遵循"做茶如做人"的道理积极投身茶文化品牌建设与传播，带动乡亲共同致富。公司产品天山绿茶获绿色食品认证。

典范产品
天山绿茶

江西五丰食品有限公司

　　江西五丰食品有限公司成立于1996年10月，是江西省农业产业化经营龙头企业，公司产品江西米粉获绿色食品认证，不含任何食品添加剂，无需发酵，酸度低，食用口感柔韧爽滑。

典范产品

江西米粉

江西齐云山食品有限公司

江西齐云山食品有限公司是中国绿色食品优秀企业、全国绿色食品示范企业、农业产业化国家重点龙头企业、高新技术企业。公司龙头产品齐云山南酸枣糕1992年首创面市，1997年以来连续获绿色食品认证。

典范产品

南酸枣糕

江西寇寇豆制品制造有限公司

　　江西寇寇豆制品制造有限公司创建1998年，坐落在新干县城南工业园区。公司投资2 000余万元，建有标准化厂房，是国内较大的现代专业化发酵性豆制品生产企业，是集调味品开发、研究、生产、销售于一体的现代新型企业。公司产品山茶油腐乳（香辣味）获绿色食品认证。

典范产品

山茶油腐乳（香辣味）

乐安县登仙桥食品发展有限公司

乐安县登仙桥食品发展有限公司是一家省级农业、林业重点龙头企业，创建于1956年，产品年产值达1.6亿元。"登仙桥"商标为中华老字号。公司产品乐安竹笋获国家农产品地理标志认证，并被认定为首批中欧互认产品；小竹笋和冬笋获绿色食品认证。

典范产品 1　小竹笋

典范产品 2　冬笋

宜丰县宾顺食品有限公司

宜丰县宾顺食品有限公司生产的"宾顺"牌精制豆腐乳、茶油豆腐乳、古法豆腐乳，系采用传统工艺、精选优质原料、融入现代营养理念精制而成，获国内同类产品的首批绿色食品认证。

典范产品 1
茶油豆腐乳

典范产品 2
古法豆腐乳

江西三爪仑绿色食品开发有限责任公司

　　江西三爪仑绿色食品开发有限责任公司自2006年7月成立以来，经过近20年发展已初具规模，通过"公司＋合作社＋家庭农场＋农户＋电商"经营模式，带领全县1 200户农民走上了脱贫致富路，先后获得各种荣誉。"三爪仑"商标获评江西农产品百强企业产品品牌，"三爪仑"牌饮用天然泉水获绿色食品认证。

典范产品
饮用天然泉水

江西汪氏蜜蜂园有限公司

　　江西汪氏蜜蜂园有限公司于1992年在广东珠海成立，1998年北上将总部设立于江西南昌，是以蜜蜂养殖、蜂产品深加工为主业，集保健食品、健康食品、化妆品、蜂药、蜜蜂文化于一体的民营企业，也是特种蜂蜜产品理念提出者、蜂产品全国连锁经营专卖模式创建者。公司产品蜂蜜获绿色食品认证。

典范产品

蜂蜜

修水县龙尊米业有限公司

　　修水县龙尊米业有限公司是集水稻种植、培训、农资服务、农机维修、智能化育秧、机械化综合农事服务、秸秆综合利用及收储，以及粮食烘干、收购、储存、加工、销售于一体的农业产业化大型企业，年加工稻谷能力20 000吨以上。公司产品金粒皇谷至尊大米、御贡米获绿色食品认证。

典范产品 1　金粒皇谷至尊大米

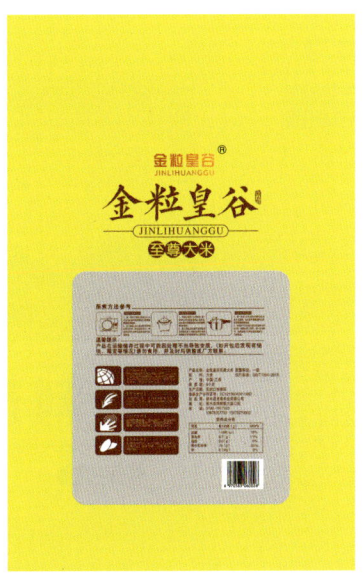

典范产品 2　金粒皇谷御贡米

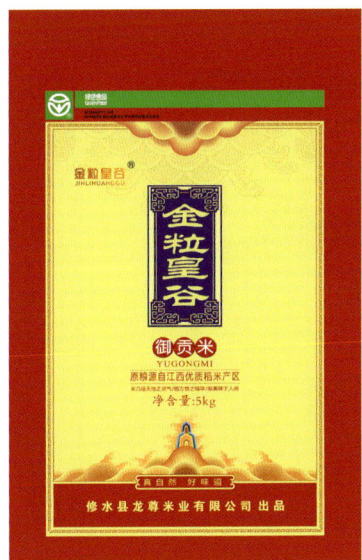

山东岱岳制盐有限公司

　　山东岱岳制盐有限公司隶属于山东省鲁盐集团有限公司，是鲁银投资集团股份有限公司全资子公司，注册资金16 700万元，公司于2004年10月筹建，2006年6月建成投产，是国家食盐定点生产企业，承担着省级政府食盐储备任务。公司产品精制盐、加碘精制盐获绿色食品认证。

典范产品 1　精制盐

典范产品 2　加碘精制盐

威海久倍优农业发展有限公司

威海久倍优农业发展有限公司位于荣成市夏庄镇前苏格村，建设丑梨基地280亩和番茄基地20亩，通过了绿色食品认证。该公司积极推广农业防治、生物防治、物理防治措施，肥料以有机肥为主，减少农药、化肥使用量，确保产品质量安全。

典范产品：番茄

烟台三嘉粉丝有限公司

烟台三嘉粉丝有限公司成立于1987年，是全国重点粉丝生产企业、招远市龙口粉丝商会会长企业。公司专注于粉丝生产，将传统工艺与现代生产技术相结合，率先引进自动化控制设备，实现自动化、智能化生产。公司产品龙口粉丝（豌豆）、马铃薯粉丝获绿色食品认证。

典范产品 1　龙口粉丝（豌豆）

典范产品 2　马铃薯粉丝

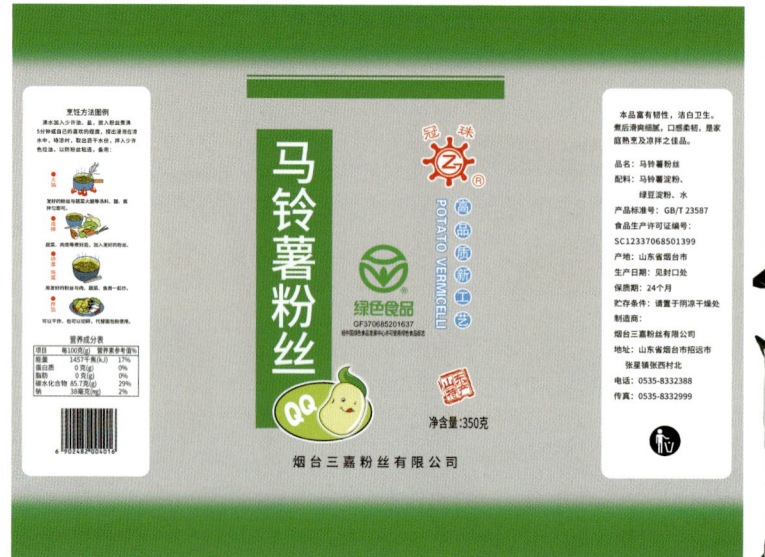

东阿县荣康石磨面业有限公司

东阿县荣康石磨面业有限公司位于山东省聊城市东阿县。公司成立于2012年，目前运营模式是"公司+农场+合作社"，是集粮食种植、加工、储存、食品生产销售于一体的三产融合循环农业。公司致力打造"绿色、生态、营养全、无添加"的食品加工企业，从源头控源，全程标准化绿色种植，以"用心做百姓放心面"为宗旨，以"倡导营养理念、造福人民健康"为企业口号，推动公司产品生产、服务、加工、销售"四位一体"融合发展。

典范产品 1：石磨面粉

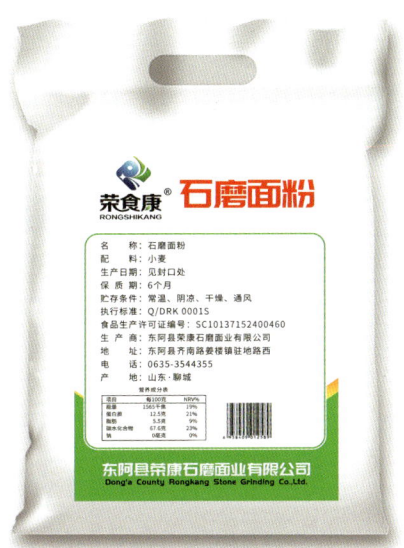

典范产品 2：石磨黑小麦粉

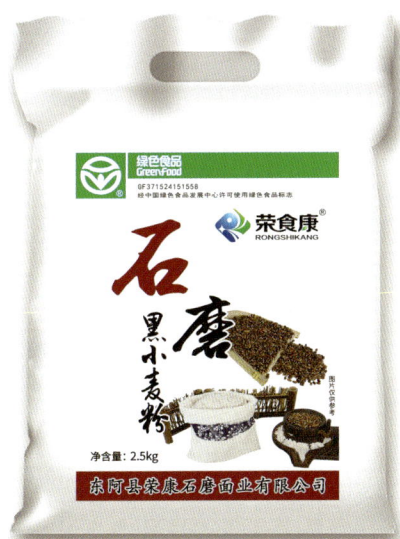
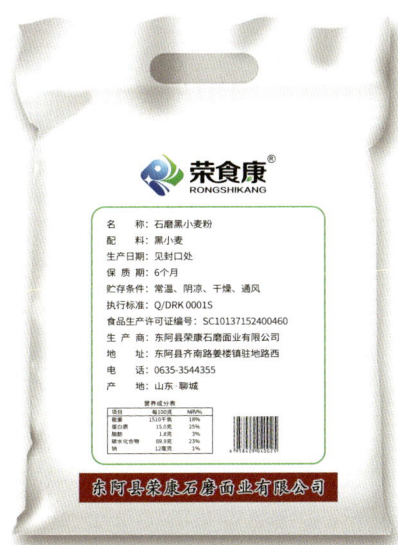

山东大仓食品股份有限公司

山东大仓食品股份有限公司始建于1958年，前身是国有企业沂水县粮食加工厂，主要产销面粉、挂面。

2012年小麦粉被认定为山东名牌产品；2015年"大仓牌"商标首次被评为山东省著名商标；2016年、2018年"大仓牌"小麦粉及挂面先后获绿色食品认证。2013年公司被评为市级农业产业化重点龙头企业；2017年公司通过凯新认证（北京）有限公司HACCP认证。

典范产品 1
饺子用小麦粉

典范产品 2
原味挂面

河南世通食品有限公司

　　河南世通食品有限公司是一家大型现代化绿色豆制品生产企业，主要有生鲜、冰鲜、休闲、饮品等多元系列近百余个品种。其中"世通"牌绢豆腐、豆浆等产品获绿色食品认证。公司获河南省农业产业化省级重点龙头企业、中国豆制品行业50强企业等荣誉称号。

典范产品

绢豆腐

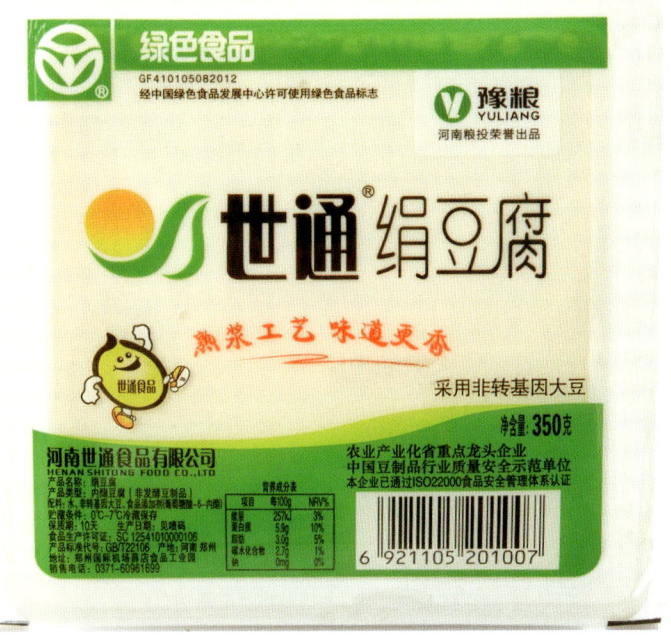

博大面业集团有限公司

博大面业集团有限公司成立于2001年，注册资本1亿元，位于荥阳市演武路东段，是一家以生产、销售挂面、面粉为主的农产品加工企业，获评农业产业化国家重点龙头企业、中国挂面加工企业10强、河南省第一批放心粮油加工企业。公司产品鸡蛋挂面、荞麦挂面获绿色食品认证。

典范产品 1
鸡蛋挂面（花色挂面）

典范产品 2
荞麦挂面（花色挂面）

河南创大粮食加工有限公司

　　河南创大粮食加工有限公司成立于2014年7月，获得国家高新技术企业、省级农业产业化龙头企业、河南省优秀民营企业等称号。公司依托县金创富硒小麦产业园，带动全县123个脱贫村和非贫困村40万亩高标准农田发展。公司产品绿豆风味挂面、鸡蛋风味手盘面获绿色食品认证。

典范产品 1
绿豆风味挂面（花色挂面）

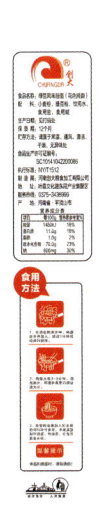

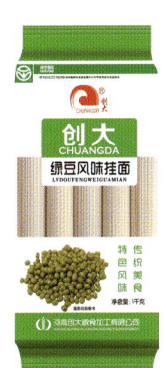

典范产品 2
鸡蛋风味手盘面（手盘面）

栾川县福记山寨养殖有限公司

栾川县福记山寨养殖有限公司位于栾川县潭头镇，是一家集畜禽饲养、坚果种植及土特产销售于一体的农业产业化市级重点龙头企业。公司产品曾荣获中国绿色食品博览会金奖、河南（郑州）国际现代农业博览会金奖等荣誉。

典范产品

深山放养蛋

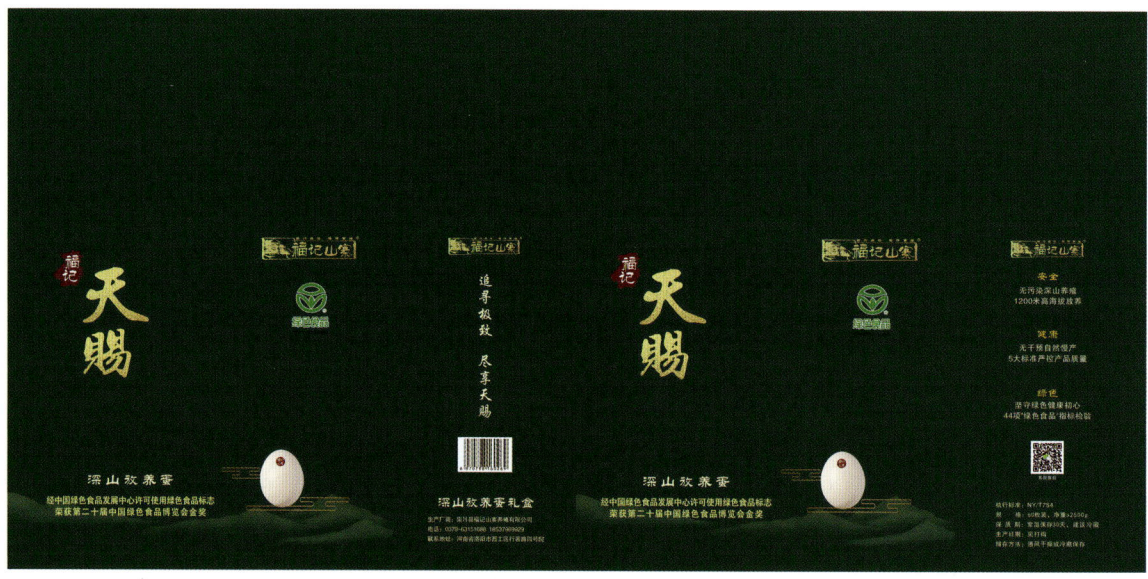

宜城市诚烁粮油贸易有限公司

　　宜城市诚烁粮油贸易有限公司成立于2018年10月，位于宜城市郑集镇，主要经营业务为粮食收购、加工、代加工、种植、谷物烘干、仓储服务及销售。企业征信良好，是湖北省第七批放心粮油示范加工企业、湖北省农业产业化省级重点龙头企业。公司产品银针香臻品油粘米获绿色食品认证。

典范产品：银针香臻品油粘米

麻城市老屋湾酒业有限公司

　　麻城市老屋湾酒业有限公司位于大别山腹地的木子店镇，于2014年12月成立，主营老米酒的生产销售。公司流转木子店镇古城村800亩农田，成立了木子店老屋湾绿色食品专业合作社，按绿色食品标准种植糯谷。公司自成立以来，狠抓粮源建设、注重品质效应，"老屋湾"老米酒被评为国家地理标志保护产品，多次获食品博览会、农业博览会金奖，老米酒制作技艺被列入湖北省非物质文化遗产，2018年4月获绿色食品认证，是麻城市特色旅游推荐产品。

典范产品

老屋湾米酒

大悟县中发生态农业有限公司

  大悟县中发生态农业有限公司是一家集种植、养殖、大米加工销售于一体的农业产业化市级重点龙头企业，于2018年在大悟县中旺农机服务农民专业合作社及大悟县中兴种养殖家庭农场的基础上注册成立，注册资金500万元。2018年公司的稻鸭共作生态种养技术基地被列为全国农业重大技术协同推广"水稻+"示范基地。公司产品稻鸭香米获绿色食品认证，获中国武汉农业博览会第十四届金奖及第十六届特色农产品称号。

典范产品

稻鸭香米

湖北尖峰茶叶股份有限公司

　　湖北尖峰茶叶股份有限公司是集茶园基地、茶叶加工、茶叶销售于一体的农业产业化省级重点龙头企业，是省级现代化联合体。公司现有茶园及林地面积3 000亩，合作农户面积1 000亩。2019年新建有面积3 000平方米制茶中心，配置了3条国内智能化生产线，目前可以年产红茶300吨、绿茶200吨。公司在采摘、制作等工艺上下功夫，产品以"色翠、香郁、味醇、形美"享誉市场，形成了以"尖峰"为商标的尖峰春剑系列品牌，多次获湖北省名牌产品、湖北省著名商标等荣誉。周巷凤凰茶等产品获中国地理标志产品认证，获2018年第二届亚太茶茗大奖峨眉山国际评比大赛银奖。尖峰春剑（绿茶）获绿色食品认证。

典范产品

尖峰春剑（绿茶）

株洲市振源生态农业发展有限公司

　　株洲市振源生态农业发展有限公司成立于2015年，注册资本2 680万元，系港澳台合资企业，是2015年湖南省株洲市人民政府在深圳投资推介会上招商引资的重大签约项目之一，由香港佳宝集团和江西赣州专业技术团队在攸县菜花坪镇开发建设现代脐橙产业园。公司产品纽荷尔脐橙获绿色食品认证。

典范产品

纽荷尔脐橙

永州市聚丰生态农业开发有限公司

　　永州市聚丰生态农业开发有限公司成立于2012年3月，位于湖南省永州市冷水滩区马坪村铺里组，是湖南省农业产业化龙头企业、国家高新技术企业、全国农业社会化服务创新试点单位、湖南省扶贫龙头企业，主营业务为粮食种植、收储、加工及销售，农业社会化服务等。公司产品又香龙丝苗米、香雪丝苗米获绿色食品认证。

典范产品 1
又香龙丝苗米

典范产品 2
香雪丝苗米

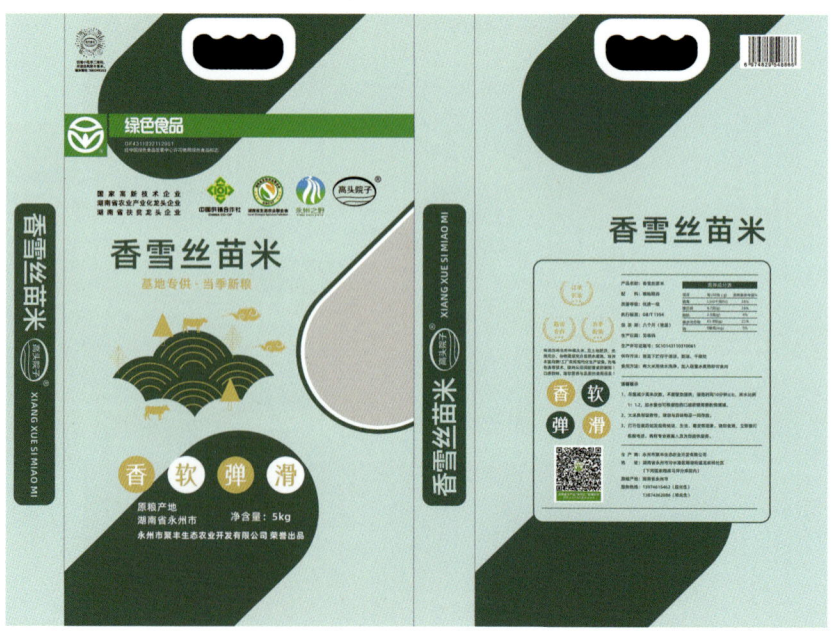

湖南省君山银针茶业股份有限公司

　　湖南省君山银针茶业股份有限公司是农业产业化省级龙头企业，现有1万多亩"君山"名优茶基地、100多个销售网点。公司核心产品君山银针获绿色食品认证，是"中国十大名茶"、人类非物质文化遗产，"君山"商标为中国驰名商标、湖南老字号。

典范产品 1　君山银针（黄茶）

典范产品 2　君山毛尖

张家界西莲茶业有限责任公司

　　张家界西莲茶业有限责任公司前身为桑植县玉京茶厂，始建于1991年，在2006年7月经过改制扩建后更名。公司历经30余年的风雨洗礼，坚持手工采摘、传统工艺，生产出的茶叶口感独特，品质上乘。公司产品桑植白茶获绿色食品认证。

典范产品：桑植白茶

高州市丰盛食品有限公司

　　高州市丰盛食品有限公司是广东省重点农业产业化龙头企业，始建于1987年。公司旗下桂康牌、桂康一号等系列产品，经过多年的发展，现已成为桂圆肉、荔枝类较具影响力的品牌，获绿色食品认证。

典范产品 1　桂圆干

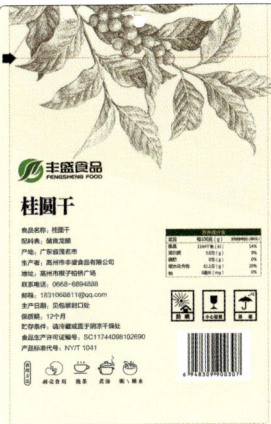

典范产品 2　荔枝干

典范产品 3　荔枝

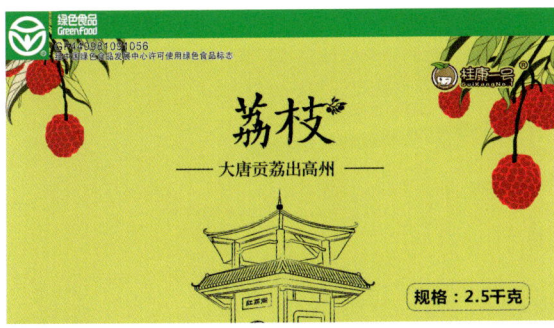

典范产品 4　龙眼

广州市洲星食品有限公司

广州市洲星食品有限公司是广东省重点农业龙头企业、粤港澳大湾区菜篮子生产基地、高新技术企业，年产值达1.18亿元。公司创办于1983年，占地面积50多亩，采用"公司+基地+农户"的经营模式，创立水马蹄种植基地20 000多亩，年带动农户4 000多户。公司主营产品"洲星"牌马蹄粉获绿色食品认证，获全国名特优新农产品、"粤字号"农业品牌、"广州十大手信"等荣誉，多次获得中国绿色食品博览会金奖。

典范产品：马蹄粉

潮州市吉云祥茶业有限公司

潮州市吉云祥茶业有限公司是集茶叶产品的种植、加工、销售于一体的专业化、标准化茶叶企业。公司拥有自营进出口权，是潮州市首家凤凰单丛茶进出口公司，产品销往欧洲、北美、东南亚等地区。公司产品吉云祥单丛茶获绿色食品认证。

典范产品：吉云祥单丛茶

梅州市强惠农业发展有限公司

　　梅州市强惠农业发展有限公司是一家专业从事农副产品种植、批发、销售、连锁专营的省级农业龙头企业，公司现有基地1 032亩。公司产品强惠雪莲果（菊薯）获绿色食品认证，获评全国名特优新农产品，获2020年叶剑英基金科学技术进步奖三等奖。

典范产品

强惠雪莲果（菊薯）

广西糖业集团柳兴制糖有限公司

广西糖业集团柳兴制糖有限公司是广西壮族自治区农产品加工重点龙头企业、第一批全国农产品加工业示范企业、农产品加工企业技术创新机构，是国家第一批农业产业化糖料蔗生产基地。公司主要产品有"柳兴"牌一级、优级白砂糖，获绿色食品认证。

典范产品：白砂糖（一级）

绿色食品
GF450221070910
经中国绿色食品发展中心许可使用绿色食品标志

白 砂 糖
质量等级：一级

| 配　　料：甘蔗 | 产品标准：GB/T 317 |
| 贮存条件：温度≤38℃　湿度＜70% |
| 生产日期：见外包装 | 保质期：18个月 |
| 地　　址：柳州市柳石路迎宾路口 |
| 联系方式：0772-3829492 |
| 产　　地：广西柳州市 | 净含量：50kg |
| 食品生产许可证编号：SC12145022100359 |

广西糖业集团柳兴制糖有限公司

广西蒙山县纯香食品有限公司

广西蒙山县纯香食品有限公司为全产业链运作公司，是梧州市农业产业化重点龙头企业。公司成立于2017年，注册资金200万元，位于广西蒙山县长寿食品加工园2号地。公司集百香果专业育苗、种植、加工、销售，以及蜜蜂养殖、农户蜂蜜采购、蜂产品加工于一体，以"公司+合作社+家庭农场+农户"方式经营。合作优质鲜果生产线1条，年选一级百香果400吨；生产鲜果汁、果干、果酒、饮料醋等，其原料全部采用经过精心挑选的100%纯天然一级。多次获得广西全域美食大赛金奖、银奖，注册了"富醇香""桂醇香""宴琳"商标。公司于2021年新增1条蜂蜜生产线，年加工蜂蜜可达1 000多吨，鸭脚木蜂蜜是全国名特优新农产品，获绿色食品认证。

典范产品

鸭脚木蜂蜜

广西糖业集团红河制糖有限公司

广西糖业集团红河制糖有限公司2005年通过质量管理体系认证，将质量、环境、职业健康安全、食品安全整合成一体化的管理体系。公司产品白砂糖2008年获绿色食品认证，白砂糖远销区内外，连续多年被国家糖业质量检验检测中心评为质量优秀奖，深受消费者好评。

典范产品：白砂糖（一级）

GF451302121253
经中国绿色食品发展中心许可使用绿色食品标志

白 砂 糖

质量等级：一级

配　　料：甘蔗　　产品标准：GB/T 317
贮存条件：温度≤38℃　湿度＜70%
生产日期：见外包装　　保质期：18个月
地　　址：广西来宾市兴宾区蒙村镇红河农场
联系方式：0772-4711102
产　　地：广西来宾市　　净含量：50kg
食品生产许可证编号：SC12145130200348

广西糖业集团红河制糖有限公司

渝妹儿米业（重庆）集团有限公司

渝妹儿米业（重庆）集团有限公司是一家集水稻产、购、储、加、销于一体的一二三产业融合发展型民营粮食企业，是国家优质粮食工程建设示范企业、全国放心粮油加工示范企业、市级重点龙头企业。公司产品有5款获绿色食品认证、4款获评重庆好粮油、3款为重庆名牌农产品、1款为第22届中国绿色食品博览会金奖产品。公司有机大米基地正在建设转换中。

典范产品

硒世甄米

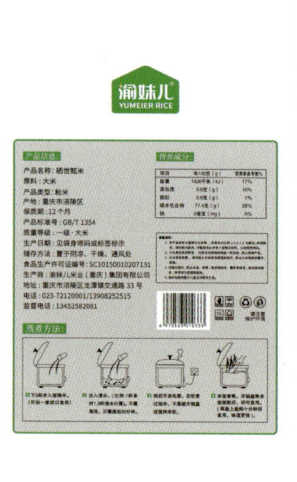

四川省天渠盐化有限公司

　　四川省天渠盐化有限公司是川东北地区达州、巴中、广安唯一的国家食盐定点生产企业，位于渠县渠江镇渠光路997号，占地面积7.15万平方米，是国家高新技术企业。公司生产的"天渠""嗨颜""巴渠"牌加碘食用盐在销区市场上享有很高的声誉，年生产达3.5万吨。公司产品食用盐（加碘）、海藻碘盐获绿色食品认证。

典范产品 1 食用盐（加碘）

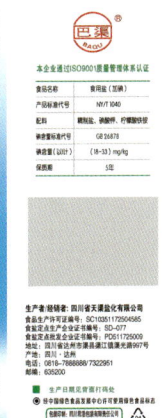

典范产品 2 海藻碘盐

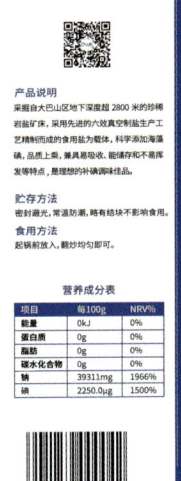

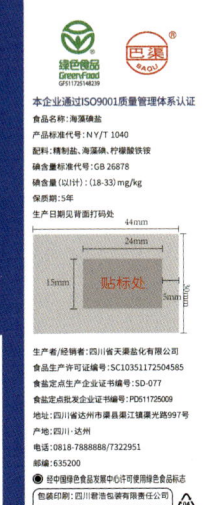

四川宜宾碎米芽菜有限公司

四川宜宾碎米芽菜有限公司,源于乡镇企业改制,现为国家高新技术企业、省级龙头企业,专注芽菜40载。主打"碎米"品牌,产品如碎米芽菜、金芽菜热销,获绿色食品认证。技术领先,服务体系完善,产品遍布全国大型超市,深受消费者青睐。

典范产品 1
碎米芽菜（鲜香·长条型）

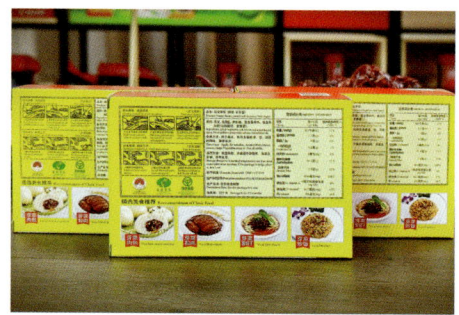

典范产品 2
碎米芽菜（鲜香·颗粒型）

四川顺城盐品股份有限公司

四川顺城盐品股份有限公司成立于2004年8月18日，属四川省盐业集团有限责任公司全资的省属国有企业，注册资本14 000万元，国家食盐定点生产企业、国家食盐定点批发企业。公司秉承做强做优国有企业的宗旨，以爱国、创新、责任、诚信、共赢核心价值观，贯彻"担当者兴、奋进者成、实干者胜"经营理念，倡导"忠诚、敬业、勤奋、服从、执行"企业文化，努力成为食盐安全的"守护者"、食盐供应的"保障者"、健康用盐的"引领者"。公司产品绿色食品食用盐加碘、泡菜盐获绿色食品认证。

典范产品 1　绿色食品食用盐加碘

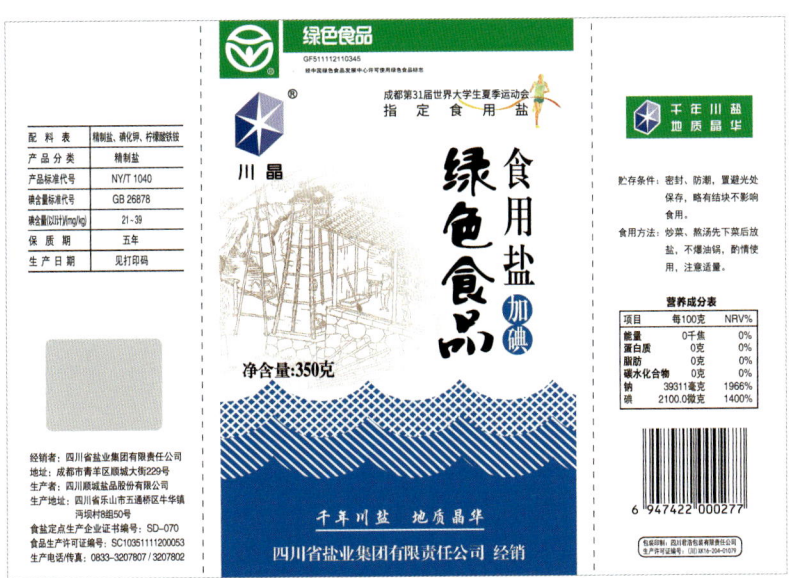

典范产品 2　泡菜盐（加碘）

雅安牛背清泉水业有限公司

雅安牛背清泉水业有限公司位于荥经严道街道境内，有水源保护地220亩，建有瓶、桶、袋等生产线，年生产量达45 190吨，注册商标有"牛背清泉""熊猫井""桤桐树""龙苍沟"，于2019年获绿色食品首次认证，"牛背清泉"绿色食品获二十届绿博会金奖。

典范产品 1
牛背清泉（饮用天然泉水）

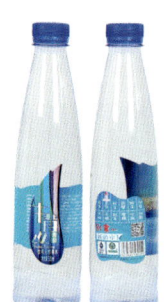
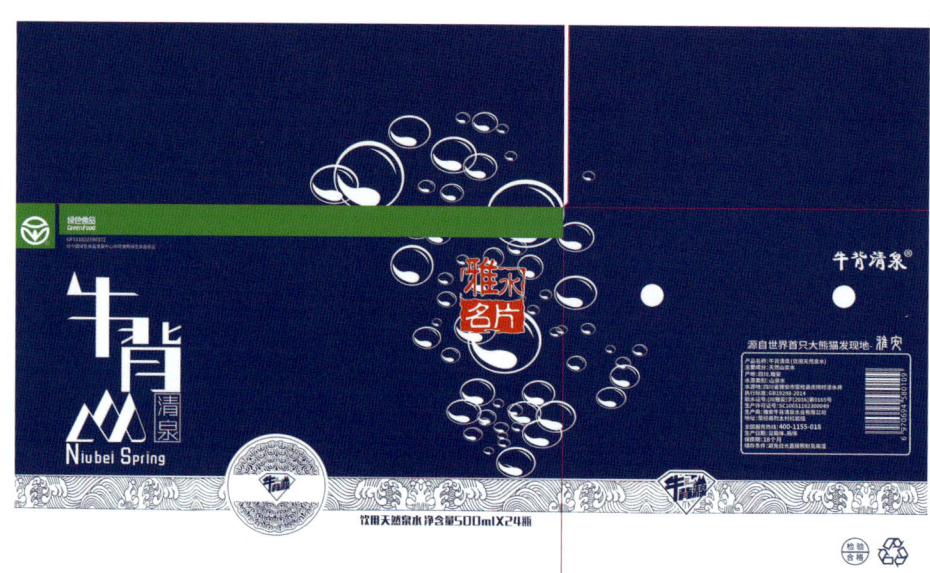

典范产品 2
熊猫井（饮用天然泉水）

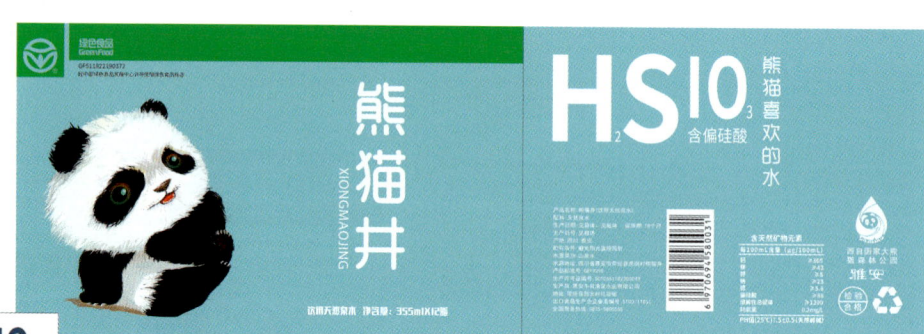

四川雅妹子生态食品股份有限公司

　　四川雅妹子生态食品股份有限公司成立于2007年,是一家集种植、养殖、生产加工于一体的肉制品、调味品生产公司,现为省级重点龙头企业。公司10个产品获绿色食品认证,14个产品获有机食品认证。

典范产品 1
青羌酱肉

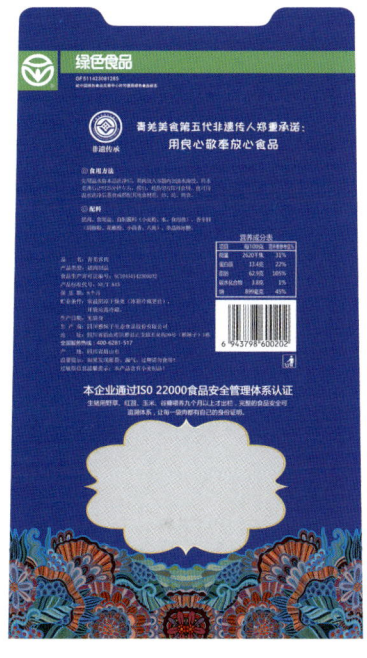

典范产品 2
青羌川味香肠

贵州省榕江县粒粒香米业有限公司

贵州省榕江县粒粒香米业有限公司成立于2013年8月。主营业务有锡利贡米育种、加工、销售，预包装食品，农副产品生产、加工、销售等，是集粮食种植、加工与贸易于一体的综合性企业。公司坐落于贵州省榕江县工业园区，占地面积为2.0万平方米，原粮库储存能力达1万吨，低温库7 000立方米，日加工能力200吨，常年示范种植面积3.0万亩，总投资1.0亿元。公司推进"基地＋农户＋公司＋网络"产业联动，结合农、科、教、产、学、研，促进"三产融合"发展。

公司是以绿色农业发展理念为指导，沿用贵州省黔东南山区特殊生态类型珍稀水稻"锡贡"牌锡利贡米稻谷为种子，坚持实施三级良种繁育体系，坚守侗族"牛耕人犁，稻、鸭、鱼共生"的耕种模式进行种植，以绿色、健康为根本，产品获绿色食品认证。公司引进先进的管理理念，通过ISO 9001质量管理体系认证，是贵州省省级放心粮油示范加工企业、贵州省十佳龙头企业、贵州省农业产业化重点龙头企业，入选中国好粮油产品企业产品名录；公司种植的锡利贡米获全国优质稻（籼米）品种食味品质鉴评金奖等。

典范产品

锡利贡米

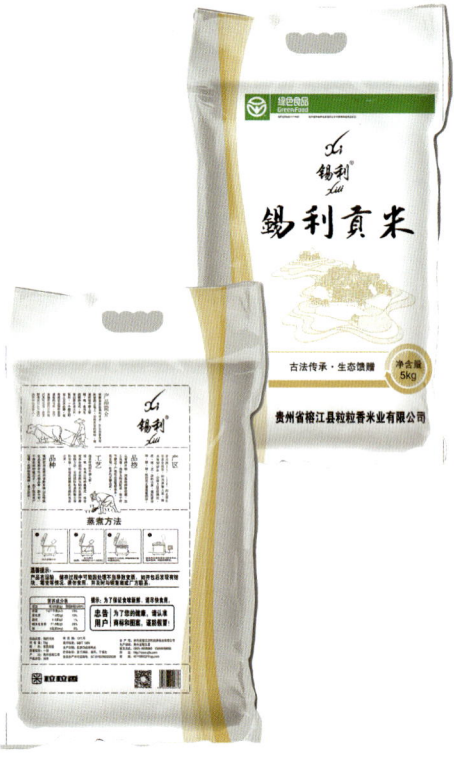

云南绿A生物工程有限公司

　　云南绿A生物工程有限公司是集微藻研发、生产、销售于一体的高新技术企业，主营业务为研究、开发、生产、销售螺旋藻、红球藻原粉及以藻粉为原料的系列食品。核心产品绿A天然螺旋藻精片是国内螺旋藻行业的优质品牌，获绿色食品认证。

典范产品

天然螺旋藻精片

云南腊峰生物科技开发有限公司

　　云南腊峰生物科技开发有限公司成立于2020年4月，注册资本1 500万元。公司生产车间和厂房占地面积6 312平方米，主营产品有蜂蜜、蜂王浆、蜂胶、蜂花粉，建有年精深加工3 100吨蜂蜜生产线，有4个蜂蜜产品获绿色食品认证。

典范产品 1
油菜花蜜

典范产品 2
苕花蜜

凤庆县峡山茶业有限公司

凤庆县峡山茶业有限公司是集有机茶种植、加工、研发、销售和茶文化传播于一体的民营制茶企业。公司主营的"峡山"牌绿色有机红茶和绿色有机绿茶，已获有机认证、绿色食品认证、ISO 9001质量管理体系认证和云南省地理商标认证。公司是云南省省级龙头企业、专精特新中小企业、高新技术企业和2022年云南省绿色食品20佳创新企业；公司产品屡次获奖，是云南省优质农产品，2023年入选云南省绿色食品牌目录，2023年获第二十二届绿色食品博览会金奖。

典范产品 1
工夫绿茶

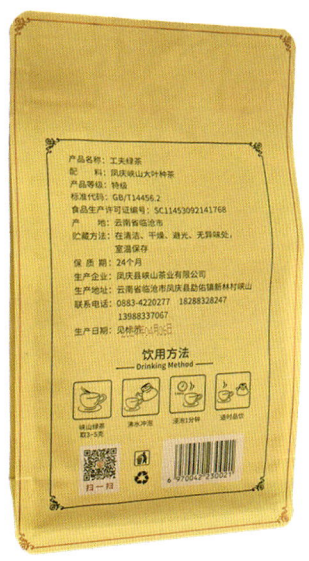

典范产品 2
工夫红茶

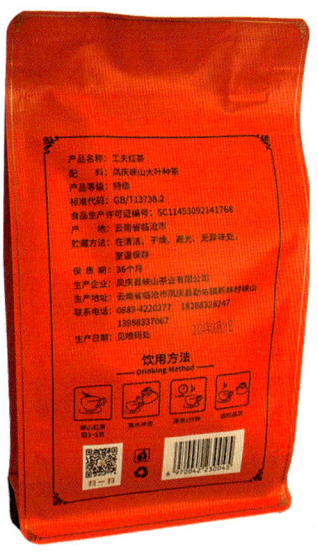

商洛盛泽农林科技发展有限公司

　　商洛盛泽农林科技发展有限公司是一家集食用菌菌种培植,以及农特产品种植、生产、加工销售于一体的综合性民营企业,成立于2015年10月,注册资金2 000万元。公司位于商洛市商州区杨斜镇林华村,基地用地100余亩,生产厂房、菌种厂、养菌室、库房、生活办公及辅助用房等建筑7 541平方米,食用菌示范大棚13 828平方米,香菇、木耳等食用菌获绿色食品认证,年产量91.5吨,年产值1 000余万元,销售额800万元。

典范产品 1
香菇(干)

典范产品 2
木耳(干)

富平永辉现代农业发展有限公司

富平永辉现代农业发展有限公司是永辉超市股份有限公司投资的子公司，成立于2015年11月，占地面积65亩，目前总投资额已近2亿元，主要从事富平的柿子种植、生产加工和销售。公司创立了"柿子红了""永辉农场"等多个柿饼产品品牌，获绿色食品认证。公司不断用科技赋能柿子产业发展，做专、做精、做深、做好柿子产业，持续打造绿色柿子产业发展模式。

典范产品

富平柿饼

镇安锄禾农业科技有限公司

镇安锄禾农业科技有限公司成立于2018年，是一家专业从事食用菌研发、生产、种植及菌类产品展示销售的新型农业科技企业。公司致力于发展生态农业、绿色农业、农特产品深加工、农业科技普及和创新的新型生态农业，公司产品镇安香菇获绿色食品认证。

典范产品：镇安香菇（干）

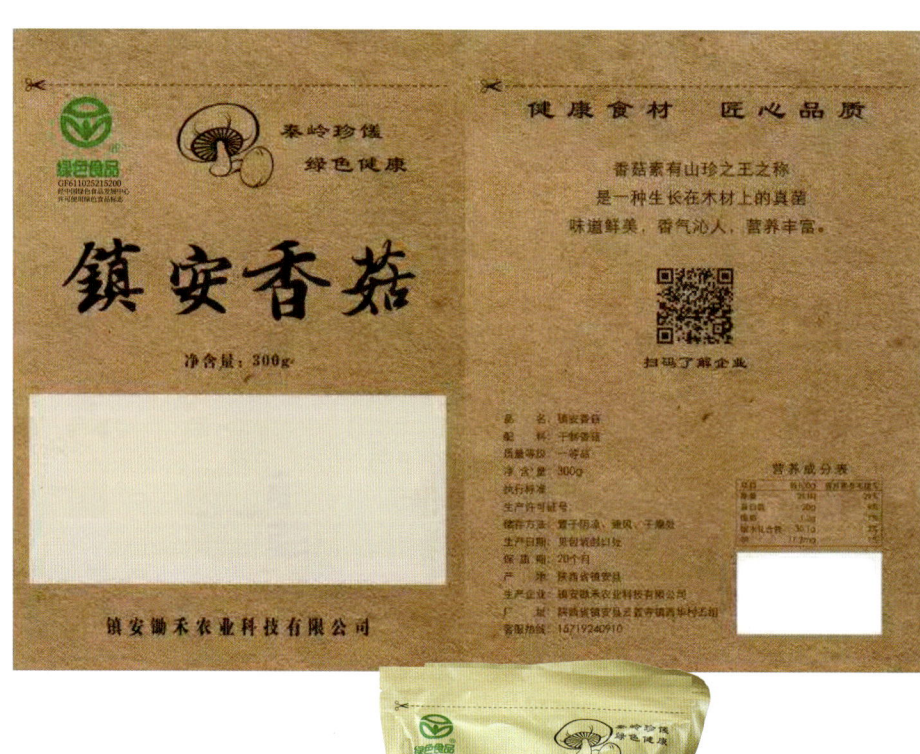

陕西秦峰农业股份有限公司

　　陕西秦峰农业股份有限公司以发展现代生态循环农业为主，是集绿色农副产品科研、种植、加工、销售、物流配送等于一体的农业产业化省级重点龙头企业，已获高新技术企业、瞪羚企业、商洛市脱贫十佳龙头企业等认定。公司产品柞水木耳获绿色食品认证。

典范产品：柞水木耳（干）

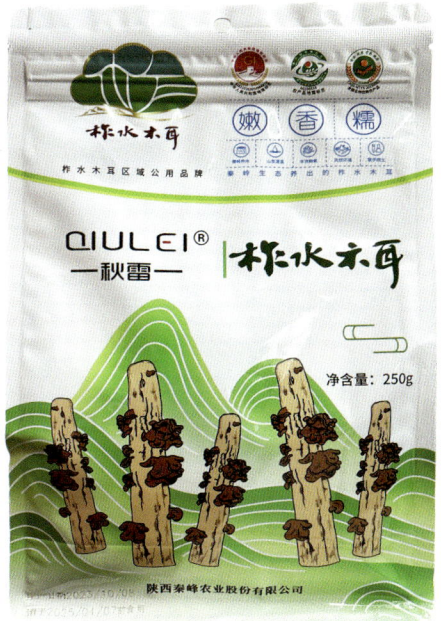
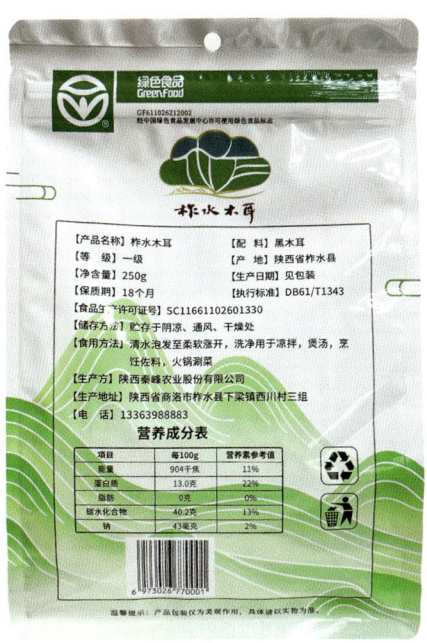

甘肃银河食品集团有限责任公司

　　甘肃银河食品集团有限责任公司是省级农业产业化龙头企业，现有资产1.7亿元，具备年产粉丝5 000吨、淀粉1 000吨、蛋白粉3 000吨、手工拉面500吨、真空冷冻干燥脱水蔬菜1 000多吨的生产能力，产品销售遍布全国，部分产品销售到东南亚、欧美等国家和地区。公司产品通过了ISO 9001质量体系、绿色食品、有机食品认证。"银河"牌粉丝、淀粉被评为甘肃省名牌产品，"银河"商标被评为甘肃省著名商标。

典范产品 1　银河粉丝（豌豆）

典范产品 2　银河粉丝（绿豆）

玉门市花海辣椒农民专业合作社

　　玉门市花海辣椒农民专业合作社由花海供销社发起，于2011年7月登记注册，注册资金200万元，截至2023年底入社农户500户，发展辣椒种植5 000多亩，年产干辣椒1 100吨，带动种植户1 200户以上，合作社按照"基地＋农户＋合作社"经营模式，累计投资380万元，建成占地5 000平方米、建筑面积2 800平方米加工厂1个。合作社通过传统加工工艺制作辣椒面，以片大、色红、味香等优点著称，逐步成为当地农民增产增收的地方特色产业。合作社注册了"赢瑞"商标，产品包括辣椒面、辣椒丝、油泼辣子等，并逐步开发辣椒酱、辣椒油等产品。合作社生产的花海辣椒粉在2011年甘肃农产品交易会上被评为甘肃农产品金奖，并获绿色食品认证。

典范产品

花海辣椒粉

青海省盐业股份有限公司

青海省盐业股份有限公司是中国500强企业西部矿业集团有限公司旗下盐湖板块中的重要组成单位之一，拥有茶卡、柯柯两个天然盐湖，食盐储量约10亿吨。公司经过70余年的发展，已成为集产、运、销于一体的青海省盐业主体企业，是中国百强采盐制盐企业。

公司产品的原料均来自高海拔、无污染的天然露天石盐矿。公司生产的食盐产品以"茶卡"为注册商标。加碘粉碎洗涤盐、藏青盐等11款产品获绿色食品认证。2009年12月，茶卡盐成为中国湖盐行业首个获得国家地理标志保护的产品。公司已通过HACCP管理体系、ISO 9001质量管理体系、食品工业企业诚信管理体系、能源管理体系、ISO 14001环境管理体系、ISO 45001职业健康安全管理体系、清真食品、两化融合体系、国家级绿色工厂认证；企业获"青海老字号"称号；"茶卡"牌系列食用盐经中国出入境检验检疫协会审核获批为生态原产地保护产品。

典范产品：藏青盐（未加碘）

宁夏广银米业有限公司

宁夏广银米业有限公司创立于2005年，公司占地面积达2.23万平方米，坐落于宁夏回族自治区银川市贺兰县常信乡四十里店村，是一家集粮食收购、仓储、加工、销售、水产养殖、技术服务和社会化服务于一体的品牌企业，现已成为宁夏规模较大的水稻粮食加工企业。公司产品广银长粒香米、广银大米（精一米）、广银优品香米、广银蟹田香米等获绿色食品认证。

典范产品 1：广银长粒香米

典范产品 2：广银大米（精一米）

典范产品 3：广银优品香米

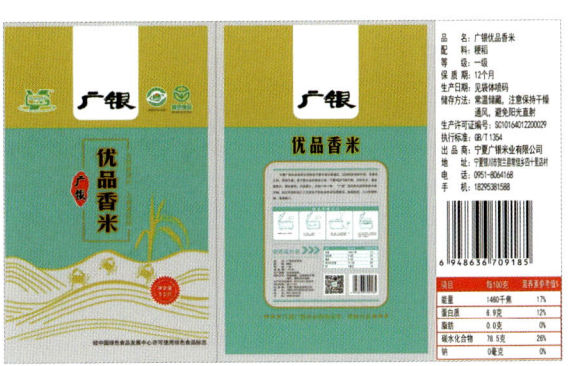

典范产品 4：广银蟹田香米

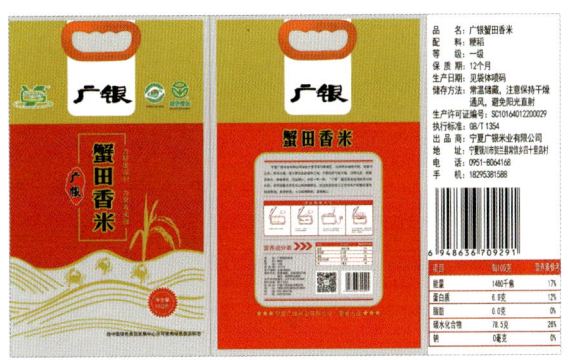

新疆绿洲源农业科技有限公司

新疆绿洲源农业科技有限公司位于新疆塔城地区托里县哈图镇，是特种油料种子研发、订单农业、榨油、炼油、包装、销售纵向一体化的全产业链企业。公司已通过 ISO 9001 质量管理体系、ISO 22000 食品安全管理体系、ISO 14001 环境管理体系认证，取得国家高新技术企业称号，是红花籽油首个国家标准 GB 22465—2008 的起草者之一。"绿洲果实"牌红花籽油获绿色食品认证，并被评为全国名特优新农产品。

典范产品

红花籽油

新疆盐湖制盐有限责任公司

新疆盐湖制盐有限责任公司始建于1958年，采矿权面积41.61平方千米，是新疆最早、最大、保存最完整的天然湖盐生产基地。公司采用国内行业领先的五效蒸发年产5万吨真空制盐工艺绿色精制盐生产线，按照GMP洁净车间标准建设包装工序，具有节能、高效、绿色的生产体系，系国家食盐定点生产和批发企业，公司已通过ISO 9001质量管理体系、ISO 14001环境管理体系、国际HACCP食品安全保证体系和ISO 22000食品安全管理体系认证，先后获评自治区绿色工厂、高新技术企业、新疆专精特新企业和新疆企业技术中心，具有较强的科技创新能力。公司产品加碘精制盐、盐湖雪盐（未加碘）、低钠盐、冰川湖盐（未加碘）获绿色食品认证。

典范产品 1 加碘精制盐

典范产品 2 盐湖雪盐（未加碘）

典范产品 3 低钠盐

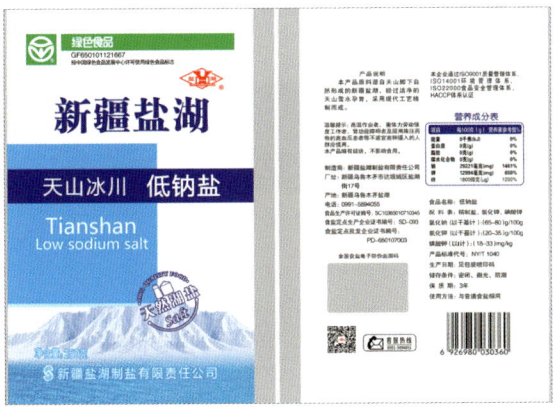

典范产品 4 冰川湖盐（未加碘）

温宿县银峰盐业有限责任公司

温宿县银峰盐业有限责任公司是一家集研发、开采、加工制造于一体的现代化企业，是国家食盐定点生产企业之一。公司2009年建成国内领先技术的6万吨真空制盐项目，成为新疆制盐企业中规模较大的企业之一。科学的四效蒸发工艺，达到了节能、降耗、减排的目标。产品的质量已达到国家优级标准，低钠盐和加碘精制盐两个产品获绿色食品认证。公司已通过ISO 9001质量管理体系和ISO 14001环境管理体系认证。

典范产品 1
低钠盐

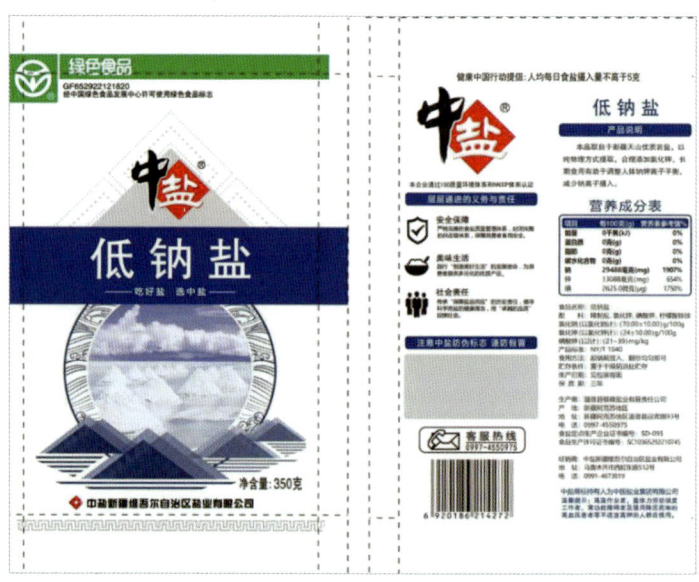

典范产品 2
加碘精制盐